超圖解 景觀盆栽74款入門技法

廣瀨幸男 著
元子怡 譯

前言

在「日本文化」中，盆栽目前正受到全世界的矚目。而我和盆栽的相遇，是在大學三年級的時候。結束了在高知縣的空手道集訓後，回程時順道前往大阪萬博（1970年），第一次認真欣賞盆栽，並且從心底覺得感動，心想「好棒啊」，於是決定此生要從事盆栽的工作。老家經營植木屋※，也和造園有點關聯，所以我一邊幫忙家裡事業，一邊慢慢開始種植和販售盆栽。

在這之前我沒有在盆栽園拜師學習的經驗，只能依樣畫葫蘆，抱持著「除了自己以外的人都是師父」的想法，決定「每天記住一個」，並自我磨練盆栽的相關知識和技術。接著開始對於能放在手掌上的「小品盆栽」產生熱情，一眨眼發現已經過了半個世紀的歲月。

小品盆栽就算沒有要價不斐的多年植株，但也能從容易取得的植株進行分株、扦插開始栽培。認真對待手裡的植株，在腦海中勾勒出理想的樹形，進行修剪、纏繞金屬線、替換新缽盆等，漸漸就會產生感情，培育出屬於自己的作品。

新手若想要打開通往盆栽世界的那扇窗，請務必從模仿開

※植木屋：栽培販售庭園樹木、盆栽，也會進行樹木修剪、移植、栽種等工作的職業。

始。在本書中，針對每一種樹木，分別用每個步驟的照片，詳細說明如何栽培。只要照著做，就能創造出令人感動的「有價值盆栽」。就算是新手，將精心栽培的盆栽，以購買價格的好幾倍來販售也不再只是夢想。

若要進一步走入盆栽的世界，就是欣賞各種傑出的盆栽作品，培養眼光也很重要。本書介紹了各種不同樹木的示範盆栽，缽盆和裝飾檯也充滿了匠心。在這些盆栽中，找出一個專屬於自己的盆栽，誠心誠意悉心照料，想必能讓盆栽為你帶來無窮的樂趣。

近年來，從年輕世代到銀髮族，甚至世界各國的人們，都對於盆栽抱持著興趣。希望更多人能體會到盆栽的魅力，也希望盆栽的愛好者能繼續增加。

廣瀨幸男

第1章 盆栽的基礎知識

第2章 盆栽的基本管理・養護方法

第3章 不同樹木的盆栽培育方法

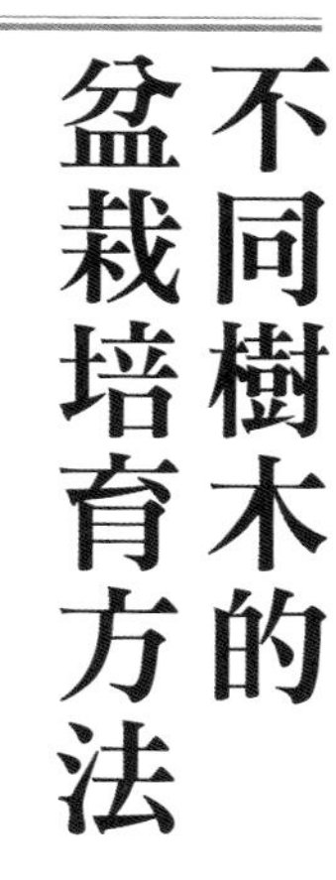

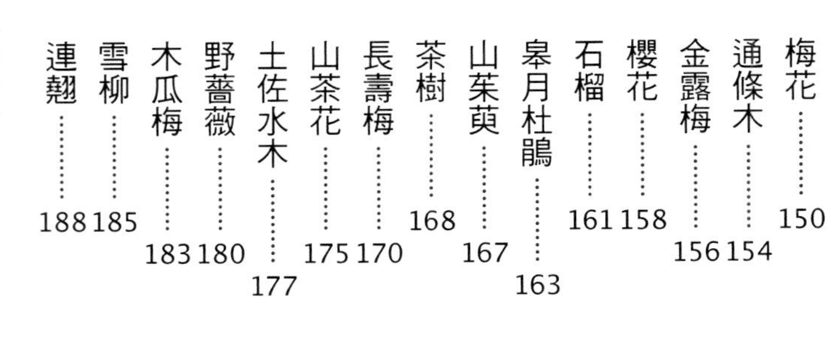

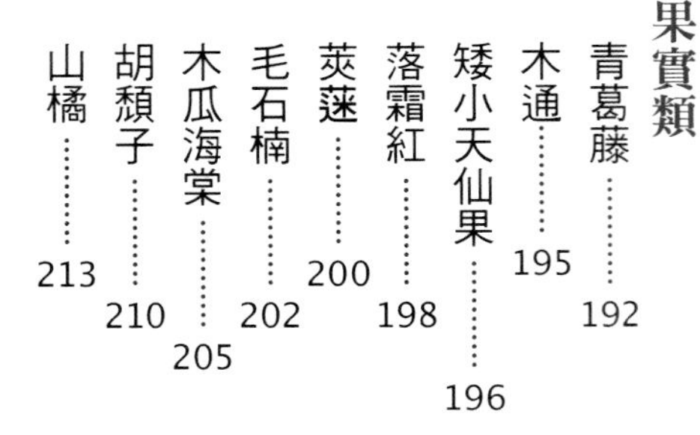

果實類

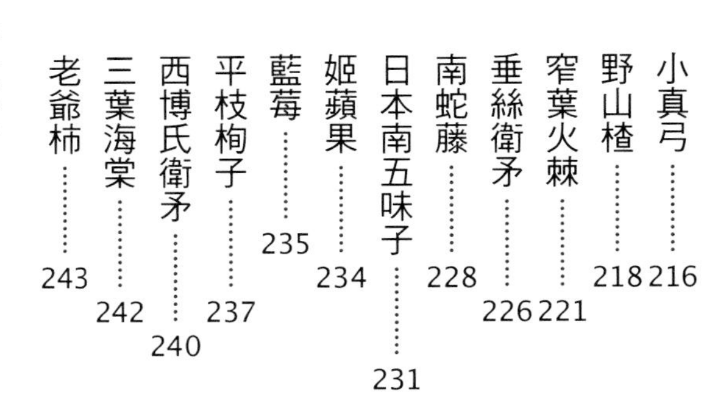

野草類

第1章
盆栽的基礎知識

園藝和盆栽的差異

就算是種類相同的樹木，同樣栽種於缽盆中，
園藝和盆栽也還是很不一樣。

園藝的缽盆栽培和盆栽，在種植於盆器中這點是幾乎一樣的。不過園藝的缽盆栽培是使用較深的容器，而盆栽的根系較小，多用淺缽（鑑賞缽盆）栽培。

樹形也有所差異，園藝的缽盆栽培愈往上生長時，會愈往兩側伸展，自然呈現出倒三角形的型態。而盆栽則會刻意培育出往下延展的三角形，纏繞金屬線使枝條往下，以呈現出古木感等，以人工方式打造出美的極致。

將盆栽小型化，並且讓外型看起來有如大樹般。只是一棵樹木，就能表現出大自然的風情，令人感到悠久的時光流逝。盆栽不僅僅是自然界的微縮景觀，也是一種精神世界的展現。

MEMO

盆栽可由樹的高度分成不同種類

大品盆栽	樹高60公分以上的盆栽。
中品盆栽	樹高20公分以上、60公分以下的盆栽。
小品盆栽	樹高20公分以下的盆栽。 ※剛好可以放在手掌中的大小，也是本書中介紹的盆栽類型。
豆 盆 栽	樹高10公分以下的盆栽。

盆栽鑑賞的重點

鑑賞盆栽時，可根據下列重點依序欣賞。
首先靠近仔細觀賞，接著再站遠一點欣賞整體樣貌。
隨著季節變換，參觀各季所舉辦的展覽會、欣賞各種名作，
也是很好的學習方式。

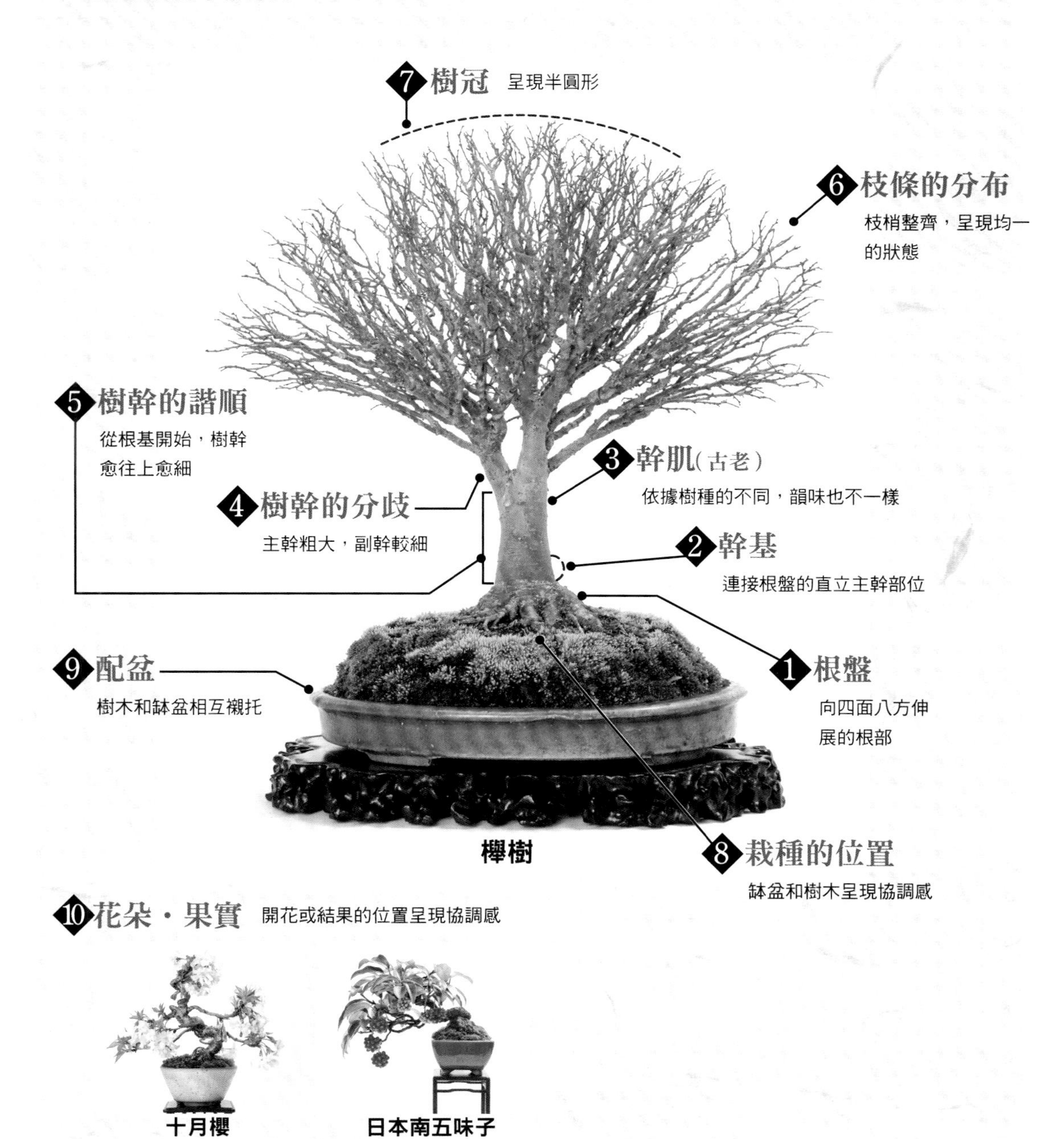

櫸樹

十月櫻

日本南五味子

盆栽的種類

除了培養於盆栽中的松柏、雜木、花朵和果實樹木等類型之外，也有將草類栽培於盆栽中的「山野草盆栽」。

松柏

松、杉、檜等常綠針葉樹稱為松柏類。魅力在於生命力旺盛且長壽。其中松樹也因為寓意吉祥，常被做成新年的裝飾。

黑松

雜木

山槭、櫸木、銀杏等落葉闊葉樹，或是梔子花、磯山椒等可以欣賞花朵的部分常綠闊葉樹稱為雜木。可透過四季享受到新芽、新綠、紅葉和寒樹的變化樂趣。

掌葉槭

花朵

山茶花、梅花、櫻花、皋月杜鵑等，能欣賞花朵盛開的類型稱為花朵類。修剪的時候要特別注意花芽生長的時期。

山茶花

老爺柿

果實

老爺柿、木通、木瓜海棠等，欣賞果實樣貌的類型稱為果實類。根據每種樹木不同，促進結果的交配方法也會有所差異。

大文字草

山野草

大文字草、菫菜、雪柳等，將草花培育成盆栽的類型稱為山野草類。當然也可以進行合植，不過先在各個缽盆中栽植一種種類，再和其他盆栽組合會比較容易。

基本的樹形

盆栽自古以來就有既定的美麗樹形。
只要了解這些樹型，就能找到自己心目中理想的盆栽造型。

直幹

一根樹幹筆直生長的樹型。有著向天空伸展，直立向上的茁壯印象。

雙幹

樹幹從根基部分成兩支的樹型。藉由主幹和副幹營造出韻律感。

斜幹

樹幹往左或是往右傾斜的樹型。枝條茂盛，往前後左右繁茂生長。

模樣木

樹幹或枝條往前後左右伸展，有如造型般延展的樹型。可充分發揮曲線，欣賞造型之美。

風翤（風吹）

有如強風吹拂般，樹幹或枝條自然傾斜的樹型。重點在於枝條長且往橫向延伸。

懸崖

樹幹或枝條的位置低於「缽底」的樹型。位置比「缽緣」還低的稱為「半懸崖」。

文人木

細瘦的樹幹延伸，將下方枝條去除的樹型。此樹型因受到江戶時代的文人喜愛而得其名。

株立

從根基部長出許多枝幹的樹型。美感取決於主幹（母幹）和副幹（子幹）是否協調。

露根（提根）

從缽緣露出樹根的樹形。表現出根部因為嚴酷的自然環境，而露出地面的粗獷樣貌。

合植

將好幾根（奇數）樹木栽種於同一個缽盆中。能營造出有如重現自然風景般的韻味。

附石

有如生長在斷崖絕壁上的樹型。在天然石頭上盛填泥炭土栽種。

盆栽使用的工具

開始接觸盆栽後，首要之務是準備好各種工具。根據每種作業使用正確的工具，是創作出美麗盆栽的第一步。

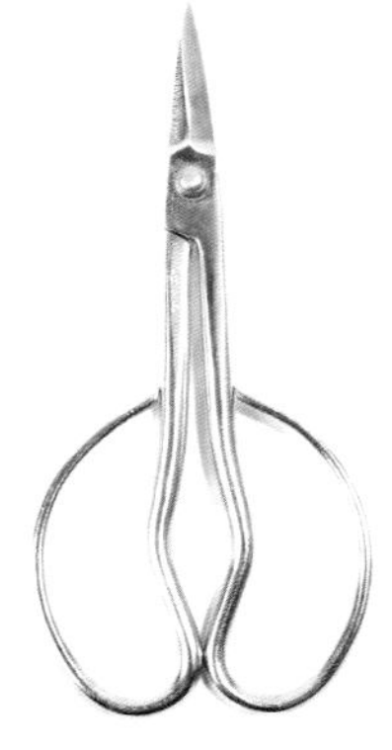

修枝剪刀

修剪細枝條

切根剪刀

移植時用來剪除根部，或是剪除較粗的枝條

鉗子

纏繞固定根部的金屬線，或是拆除金屬線用

鐵線剪（大・中・小）

用來剪金屬線。可根據金屬線的粗細來挑選剪刀類型

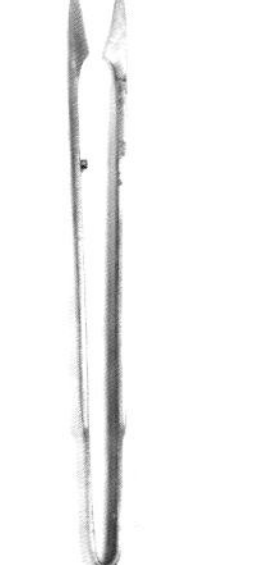

剔葉剪刀

用來剔葉

旋轉台

可以360度旋轉作業

叉枝剪

剪除根部或較粗的枝條

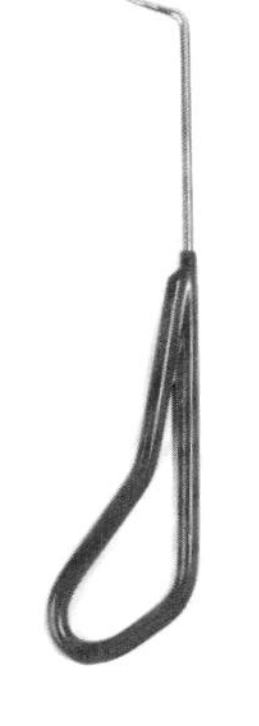

理根器

移植的時候鬆開根部

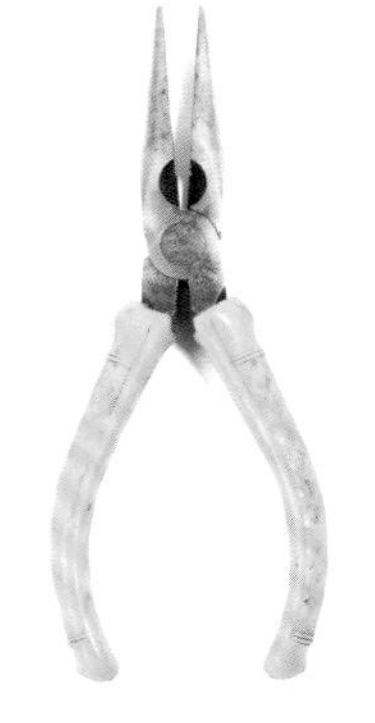
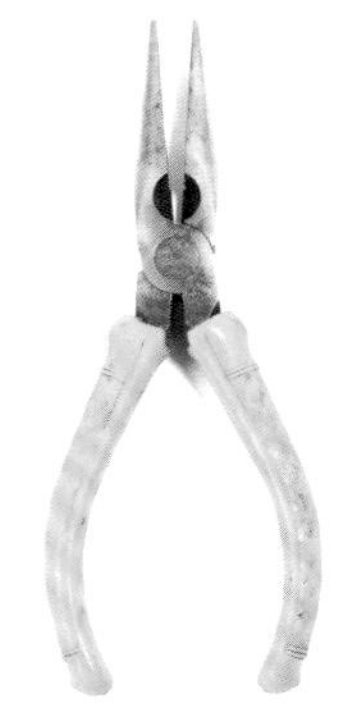

尖嘴鉗

移植時用來纏繞金屬線

鋸子

切除較粗的枝幹

棕梠掃把

清除旋轉台或桌上的髒污用

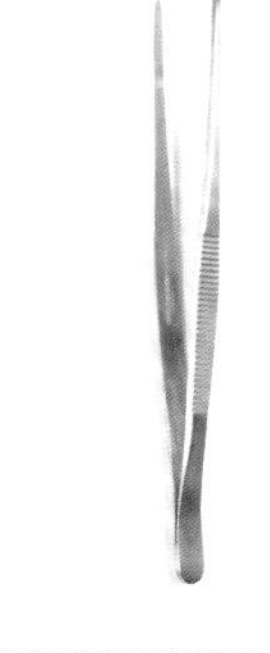

鑷子

摘芽、切芽、疏葉的時候使用

接木刀

製作神枝、舍利幹的時候使用

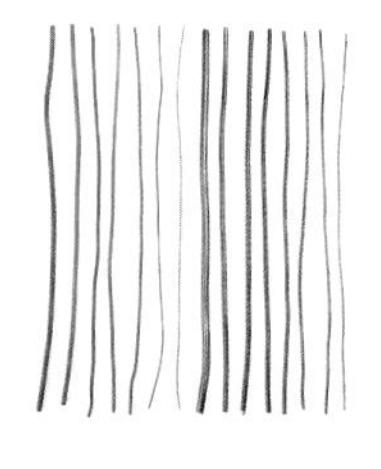

鐵線．銅線．鋁線

用來固定盆底網、纏繞金屬線。粗細為0．8～3．0mm

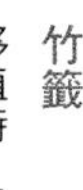

竹籤

移植時，用來插入土中鬆開土壤

手術刀

進行靠接作業時使用

手持噴霧罐

移植時清理缽盆，或是為草花類澆水時使用

盛土器

將用土倒入缽盆中

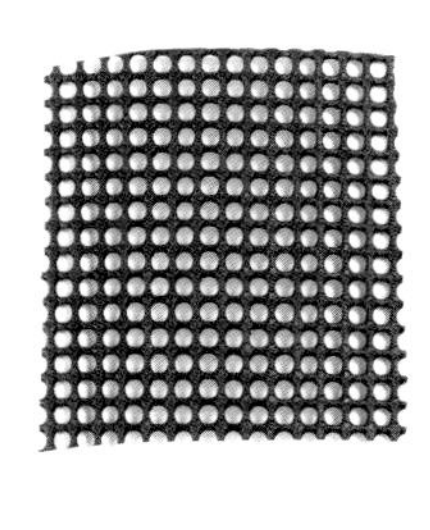

盆底網

防蟲、防止用土流失

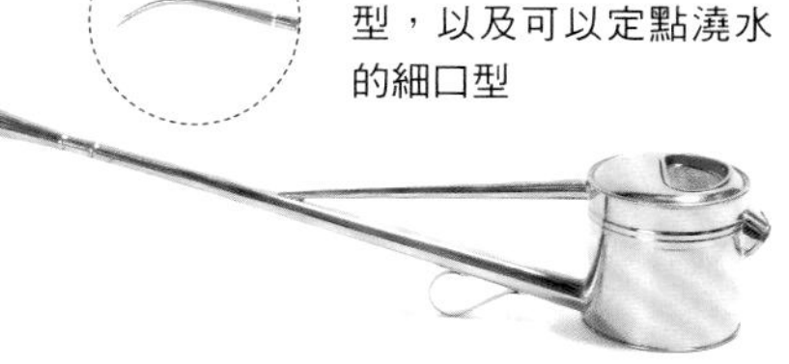

澆水器

噴嘴較長，位置較遠的盆栽也能輕鬆澆水。噴頭有水壓較弱的蓮蓬頭型，以及可以定點澆水的細口型

盆栽的用土（介質）

最常見的用土是赤玉土＋河砂的組合。

鹿沼土經常用於皋月杜鵑，而河砂和竹炭則經常使用於松柏等盆栽。

3 河砂

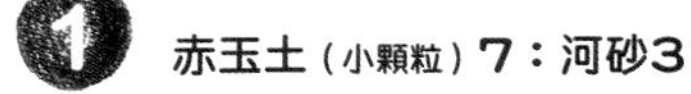

1 赤玉土（小顆粒）7：河砂3

4 鹿沼土（小顆粒）

2 赤玉土（中顆粒）7：河砂3

5 竹炭

「泥炭土」的製作方法

泥炭土是指水邊的植物枯萎後，在水底形成黏土狀的物質，營養含量豐富。

由於具有黏性，因此為了使缽盆和植物緊密貼合，經常使用於附石型或山雜草類盆栽的苔球等。泥炭土乾燥後會收縮，所以會加入赤玉土混合。

在製作泥炭土時，加入赤玉土能吸收水分變得結實，加入泥炭土則會變得柔軟。可以在攪拌的同時調整，直到呈現合適的軟硬度。

1 準備用土。
赤玉土（小顆粒）3：泥炭土7

2 於容器中加入泥炭土和水（適量），接著用手稍微攪拌。

3 加入赤玉土，再用手稍微攪拌。

POINT
調整成將用土往側邊移動時，可以看見容器底部的軟硬度。

4 用手充分攪拌混合至出現黏性。

5 稍微揉成球狀，方便使用。

盆栽使用的缽盆

盆栽有專用的缽盆。過去是以中國缽盆為主流，不過最近像是萬古燒及信樂燒等的日本缽盆也逐漸受到矚目。

＝泥缽盆＝

栽培松柏盆栽時，經常使用的缽盆類型。特徵在於能襯托出綠葉，呈現出厚重感。素燒盆能欣賞其表面紋理和微妙的顏色差異。

朱泥外緣長方

朱泥外緣丸

朱泥木瓜式

朱泥外緣正方

紫泥劍木瓜式

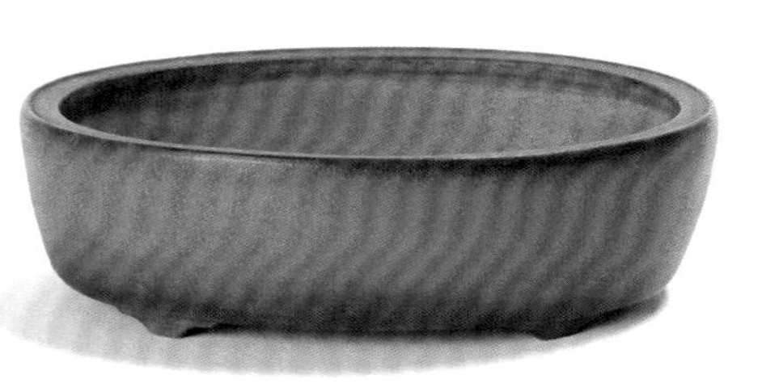

白泥切立橢圓

彩釉缽

除了松柏盆栽以外也廣為使用的缽盆類型。有青色系和紅色系等各種不同的色系。搭配花朵或果實類盆栽時，建議選擇能更突顯花朵及果實顏色的色調。

青交趾切立丸

椿釉橢圓

雞血釉木瓜式

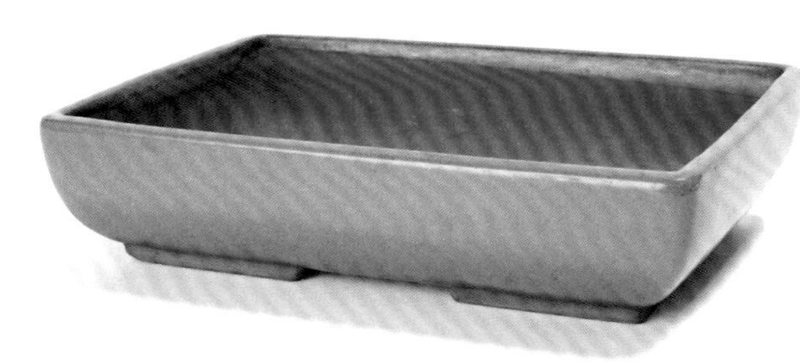

均釉撫角長方

琉璃釉木瓜式

草均釉撫角長方

窯變切立正方

黃均釉外緣丸

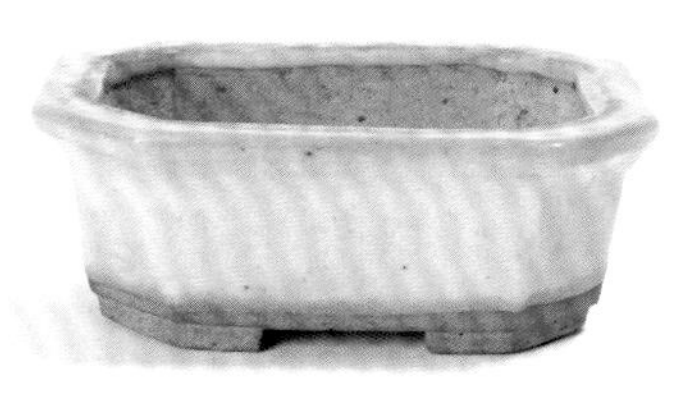

白釉隅切長方

‖繪鉢‖

美麗的繪缽雖然賞心悅目，但是卻難以和樹木搭配，是適合上級者的缽盆類型。在層架擺飾的時候，於五個盆栽中使用一個繪缽，就能給人華麗的印象。

色繪山水圖長方

色繪花圖長方

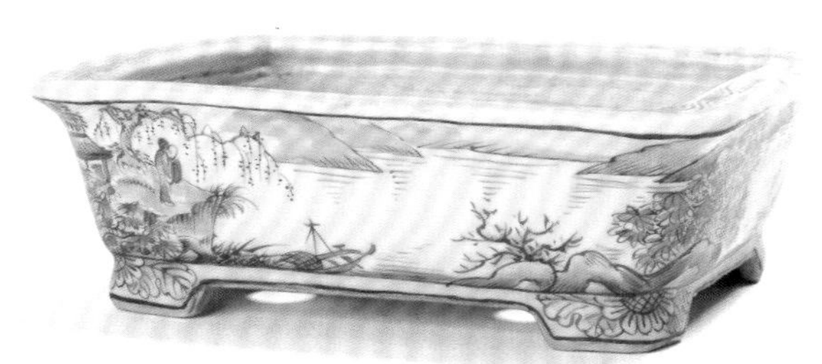

赤繪山水圖長方

紅泥染付正方

染付山水圖丸

黃釉花圖六角

‖變體缽‖

奇特形狀或是窯變※等外觀獨特的缽盆，比較不受規則限制，可以任憑喜好栽種培育。也許會有全新的發現。

大隅入正方

琉璃短冊橢圓

辰砂外緣丸

窯變下方正方

瑪瑙刳貫長方

備前竹節丸

雞血釉長方

※窯變：陶瓷在燒製過程中，偶爾會因窯內溫度發生變化，使表面釉色出現意想不到的效果。

盆栽使用的花檯

盆栽和觀葉植物有所不同。只有在最美觀的時期或重要的日子，才會把盆栽放在室內裝飾數天。這時會將盆栽放置於裝飾棚架、桌檯或是底板上。

＝裝飾棚架＝

棚架可分為兩層和三層的類型。棚架板有高低差的類型稱為「交錯棚架」。另外也有半圓形的造型，種類豐富。

富士棚桌

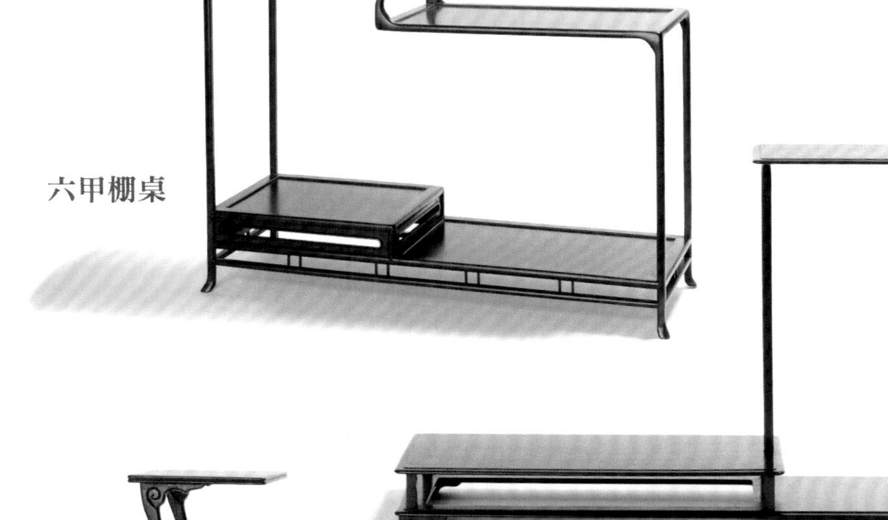

六甲棚桌

箱根高桌

蕨桌

三日月桌

桌檯

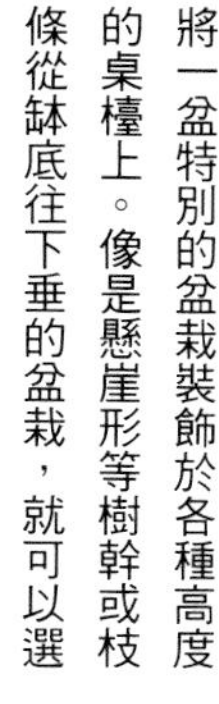
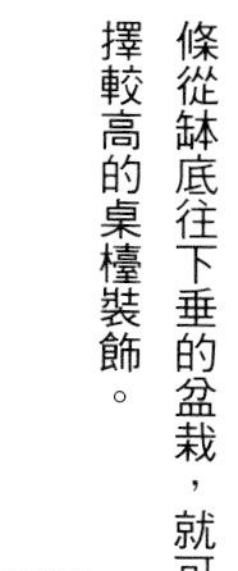

將一盆特別的盆栽裝飾於各種高度的桌檯上。像是懸崖形等樹幹或枝條從缽底往下垂的盆栽，就可以選擇較高的桌檯裝飾。

紫檀天然雕桌

丸高桌

丸小桌

高桌

算木桌

底板

插花時也經常會使用的盆栽底板。種類像是活用了天然木材的自然形狀、上漆的類型或陶板等，可搭配盆栽的大小和氛圍來挑選。

天然木地板

丸地板

漆地板

裝飾添配增加雅趣

添加一些人形、動物、海洋生物、建築物等迷你模型，就能讓盆栽的世界更加生動有趣。有陶瓷、木雕、金屬製的產品，樣式和形狀也豐富多元。

盆栽的裝飾方法

試著將悉心栽培的盆栽裝飾在花檯上吧。裝飾方法分成利用裝飾棚架的「棚架擺飾」，和放置於床之間※的「地板擺飾」。

＝棚架擺飾＝

將松柏等主角級的盆栽放置於天板或中央，再搭配雜木及山野草等添景。只要根據實際上樹木及草類生長的位置裝飾，就能自然呈現出協調感。

棚架擺飾　五件擺飾

（上段）真柏　罣山鉢、（下段右起）越橘　日本鉢、櫸榆　春嘉鉢
（添景左起）三葉海棠　昭阿彌鉢、常綠薔菜　照子鉢

棚架擺飾　五件擺飾

（上段）真柏　自作鉢
（中段）台灣三角楓　服部鉢
（下段）姬月見草　自作鉢
（添景左起）欅　鴻陽鉢、
菫菜　雲八鉢

棚架擺飾　七件擺飾

（上段）真柏　石秀鉢
（中段右起）津山檜　陶雀鉢、長壽梅　兼山鉢
（下段右起）縮緬葛　雄山鉢、三角楓　香山鉢
（添景左起）紫薇　沐雨鉢、剛毛葶藶　日本鉢

※床之間：又稱凹間，壁龕。設於日式榻榻米房間中內凹的小空間，通常在其中會以掛軸、生花或盆景裝飾。

‖地板擺飾‖

將盆栽裝飾於床之間※。由松柏類等主角（主木）、雜木或山野草類（添景），再加上能讓盆栽更出色的掛軸這三要素構成。主木一定要挑選朝向掛軸方向的樹形。

（左起）真柏　紫泥缽、常盤姬荻　町直缽、三角楓　一弘缽

現代風的擺飾方法

不侷限於傳統、富有設計感的棚架，可以隨心所欲發揮出嶄新的擺飾方法。基本上以十字擺飾，接著再慢慢調整全體的比例。

（上段）真柏　中國缽
（中段左起）梔子花　石山缽、
姬朧月　竹山缽、
津山檜　中國缽
（下段）乙女玉簪　一蒼缽

在哪裡購買盆栽比較好？

column 1

初學者若想開始種植或購買盆栽，主要可以透過以下三種管道入手。

1 盆栽專門店：有許多專門店會進行盆栽的培育、販售，開設盆栽教室。另外也有讓客人暫放盆栽，提供修剪、纏繞金屬線，或是養護失去活力的盆栽等各樣服務。

2 盆栽展：可以近距離欣賞優秀的作品、學習盆栽的擺飾方法等，同時也會有販售會，能親自挑選喜愛的盆栽。販售盆栽的人大多是生產者或盆栽相關的專家，因此還可以藉此時請教專家栽培的方式。

3 網路：可在提供販售日本各地盆栽的網站上，輕鬆購買到許多種類的盆栽。

雖然購買的方式不只一種，不過最重要的還是挑選出一盆自己喜歡的盆栽，並且細心地照顧栽培。只要多花點心思，對於盆栽的情感自然會逐漸加深。

❶盆栽展「相模小品盆栽展」販售店一景
❷盆栽展「秋雅展」攤販一景
❸盆栽專門店「やまと園」入口

第2章
盆栽的基本管理・養護方法

基本的管理

根據盆栽的種類打造出最適合的環境，才能使其保持健康美麗的狀態，長久相伴。

1選擇放置場所

樹木喜愛的環境基本上是日照充足，通風良好的場所。

不過，根據每種樹木的原生地不同，最適合的環境也會有微妙的差異。

若是想要同時為大量盆栽打造出適合的環境，則建議在庭院中設置棚架。上層日照良好而且容易乾燥，下層的日照略顯不足，所以比較能維持濕潤。當然也可以請專門的業者，製作出所有位置都能照到充足陽光的棚架。

另外，就算是在大樓的陽台，也能輕鬆種植盆栽。

這時候就要用繩子等物固定住盆栽，避免被風吹倒或掉落。

每個季節所要做的養護作業，也會隨樹木種類而異。不耐夏季炎熱的樹木，應搭起寒冷紗等進行遮光，不耐寒的樹木，可以移動至屋簷下，有些甚至需要移至室內。

依照每種樹木特性選擇放置的場所，才能使樹木開花結果，栽培出不畏病蟲害的茁壯盆栽。

2澆水

就如同園藝名言「澆水三年功」之意，在培育盆栽時，澆水是個看似簡單，實則困難的作業。

澆水的基本原則，是要等盆土的表面乾燥後，大量澆水直到水從盆底流出為止。但根據樹木種類不同，也有喜愛水分以及偏好乾燥的類型。另外隨著季節或作品的狀況，澆水量以及次數也會有所差異。

基本上是用水管連接自來水澆灑，如果樹木過於乾燥，可用澆水器集中澆水。用澆水器一盆一盆仔細澆灌，也能仔細觀察盆栽的情形。確認盆栽的生長狀況，便能掌握除草、施肥、纏繞鐵線等各種養護管理的適當時期。

如果因為忘記澆水而使樹木缺水時，可以在水桶中裝水，將盆栽連同缽盆放入水桶中，用「浸泡法」補救。此外，在夏季傍晚也可以澆灑「葉水」，以調整溫濕度。

浸泡法是盆栽缺水時的緊急處理法。
將盆栽連同整個缽盆浸泡於水中。

3施肥

盆栽施肥基本上是固態肥料的「置肥」。將顆粒較大的固態肥，用金屬線固定於表面土壤上。

樹木對於肥料的需求程度會因種類而異。另外，鑑賞花朵或是果實的樹木，也會使用專門的肥料。

此外，如果要放兩個以上的大顆粒肥料時，應考慮到位置的平衡。

POINT

花朵或果實盆栽大多會施放磷、鉀的固態肥料。像是左圖的老爺柿，會在兩個相對的位置施放肥料。建議以3合缽（1合＝直徑3cm）施放一顆為基準。

施肥方法

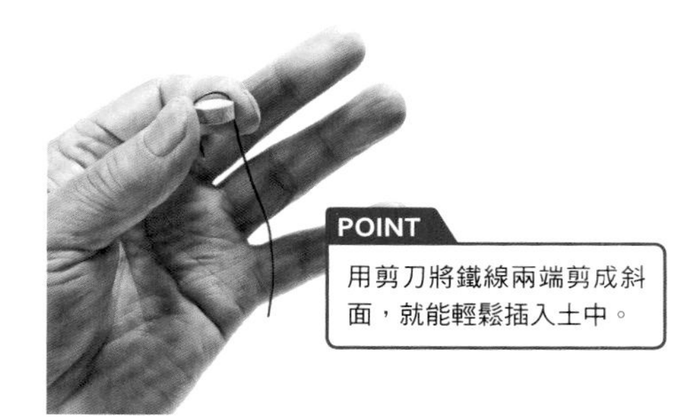

1 用鐵線繞在固態肥料上。

POINT

用剪刀將鐵線兩端剪成斜面，就能輕鬆插入土中。

2 將鐵線的左右兩端剪成相同長度。

3 將固態肥料插在缽盆邊緣固定。

POINT

松柏類盆栽若施放含氮量較豐富的有機肥，能讓葉片更加翠綠。

肥料的種類

緩效性肥料
（複合肥料）
※兩個月有效

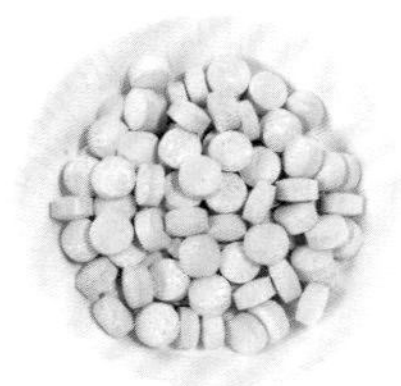

促進開花・結果的肥料
（含磷・鉀量較多）

有機肥（油粕）大
（含氮量較多）

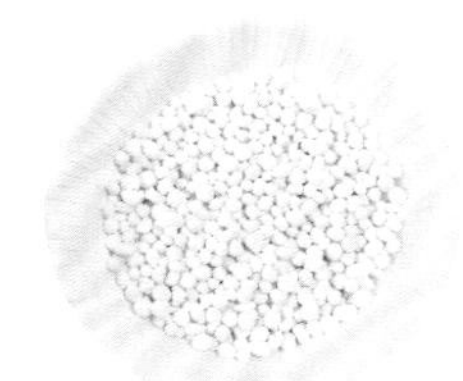

花朵・果實盆栽用肥料
（含磷・鉀量較多）
※挖出凹陷埋於用土中

標準肥料
（複合肥料）
※置肥用

有機肥（雞糞）小
（含磷量較多）

4防止病蟲害

根據盆栽類型栽培於適合的環境（日照、通風等），培育出健康茁壯的盆栽，是防止病蟲害的第一步。

另外，發現病蟲害時先不用慌張處理，日常的消毒預防作業也很重要。消毒藥劑可以將石灰硫磺混合劑稀釋成三十倍，於冬季（十二月至三月）定期（每月一次左右）進行消毒。施灑藥劑的重點在於遵守適當的施灑量。

在施灑藥劑時，最適宜的時間帶及天氣會依據季節有所不同。

基本上是在早晨至傍晚，溫度較低且無風的時候，均勻灑布於葉片的表面和背面。盡量避免在強風或晴天時施灑。

冬季應在晴天時，施灑於葉片、枝條和樹幹上。施灑後的重點在於讓盆栽照射陽光，使藥劑乾燥。

◆防止根頭癌腫病（範例：長壽梅）

花朵、果實等薔薇科的盆栽，很容易感染根頭癌腫病。

在移植的時候進行消毒，便能防範未然。

一旦發現根頭癌腫病應立刻切除並燃燒，避免感染。

1 將整個樹頭（根部）浸泡於殺菌劑中，靜置一至二小時後，再將水分瀝乾，移植到缽盆中。

殺菌劑＝在水桶（容量10L）中放入七至八分滿的水，接著放入約兩個蓋子分量的殺菌劑（保美黴素Agrimycin、鏈黴素Streptomycin）。

2 接著再次將整個樹頭浸泡於1的殺菌劑中，靜置一至二小時後，再將水分瀝乾。

移植的準備

為盆栽移植前，首先要將樹木從缽盆中取出。雖然一般使用的是陶器缽盆，不過有些幼苗也會種植於簡單的塑膠盆中。

從原有缽盆中取出（例：山茶花）

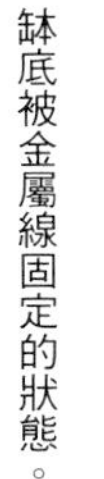

1 缽底被金屬線固定的狀態。

2 用鉗子從粗金屬線的中間剪斷。

3 將粗金屬線往外折，再用鉗子剪斷。另一側也同樣剪斷。

4 粗金屬線被剪斷的狀態。

5 用鉗子將兩根細金屬線挑起。

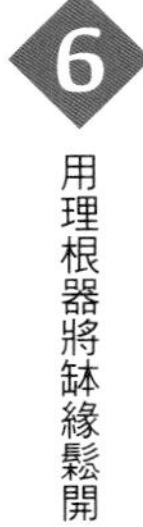

6 用理根器將缽緣鬆開。

從黑軟盆中取出
（範例：魚鱗雲杉）

1 用剪刀將黑軟盆的上半部，連同根部一起剪掉。

POINT
栽培於黑軟盆的植栽，通常會進行深植以安定樹木。這時候會為了使根盤露出而剪去較小的根部上側，不過要注意別剪到根盤！

2 用修枝剪刀剪完的狀態。

3 從黑軟盆中取出的狀態。

7 手指抓住樹木的根基部，從缽盆中取出。

8 用理根器將固定用的金屬線挑起。

9 用鉗子夾出金屬線。

移植（範例：鶯神樂）

儘管會依樹種不同而異，不過盆栽每一到二年至少需要移植換盆一次。修剪布滿缽盆中的根系，也有維持樹木大小的效果。

1 減少根系

在用切根剪刀剪根部的時候，應仔細觀察根系的狀態，視情況更換修剪的方式。另外有些樹種像是鶯神樂，從缽盆中取出後先別用剪刀修剪根部，應先將根系鬆開。在第3章會根據不同種的樹木，用照片來清楚說明每個步驟的操作方式。

根系太長時（範例：梅）

過長的根部可用切根剪將其剪短。

根系生長旺盛時（範例：野山楂）

先用切根剪以縱向剪開根系，就能簡單將根系鬆開。

根系沒有生長時（範例：山鶯藤）

用理根器將根系從上往下鬆開。

根系較稀疏時（範例：小真弓）

用切根剪橫向剪開根系。

> **MEMO**
>
> **纏線結束後，再進行移植**
>
> 若有纏線需要，請務必在移植前進行。移植後才纏線的話，會使根部移動而造成樹木的負擔。
>
> 另外，樹木在剛移植完的時候，仍然呈現不穩定的狀態，所以也會難以進行纏線作業。

2 準備缽盆

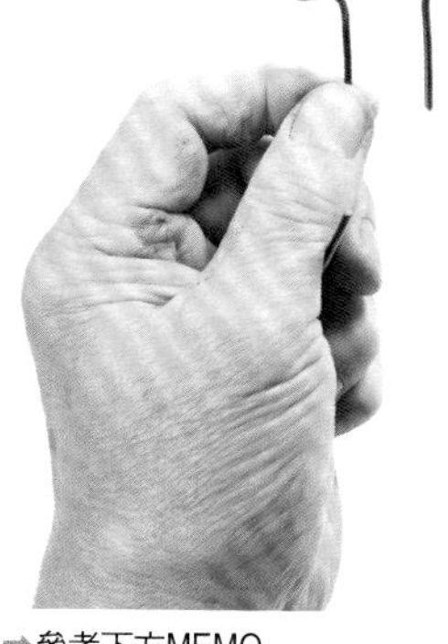
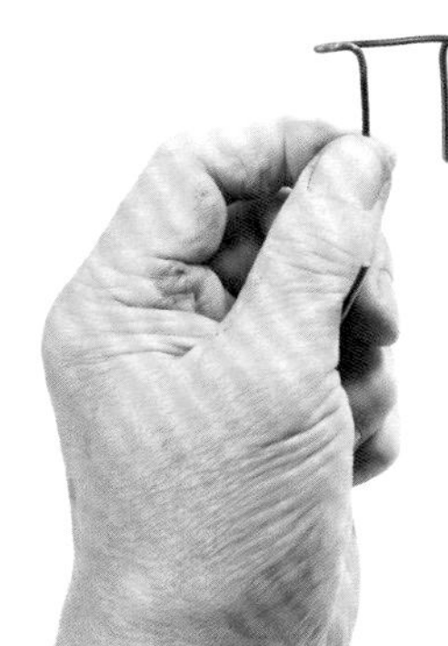

2 製作固定缽底網的金屬線。

➡參考下方MEMO

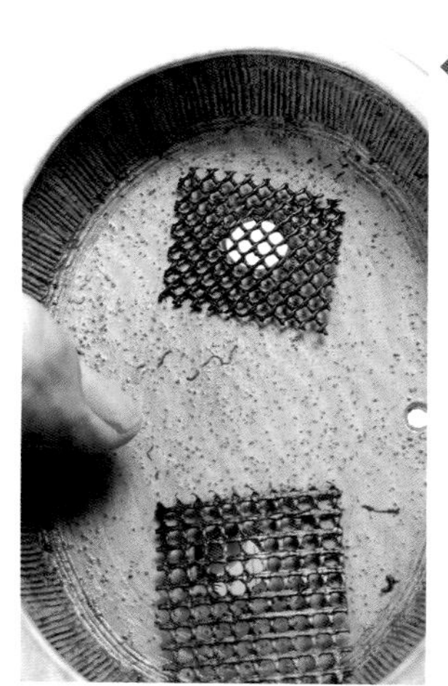

3 將缽底網鋪在缽孔上。

4 先將❷的金屬線從缽盆內側往外穿過，再將金屬線折成圓圈（照片中上方缽孔）。另一個缽孔也比照辦理。

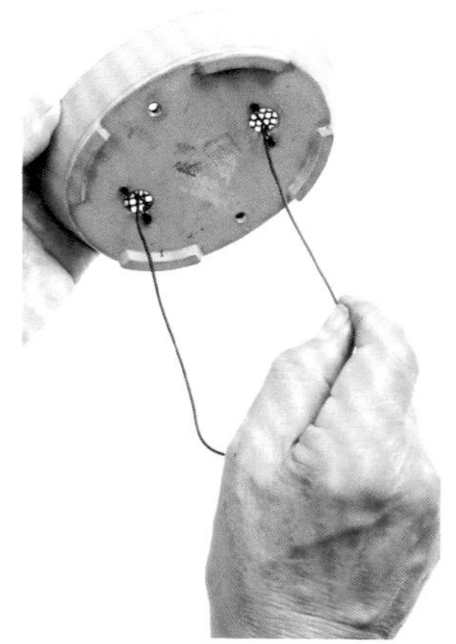

5 將固定樹木用的金屬線，從缽底的兩個缽孔穿過。

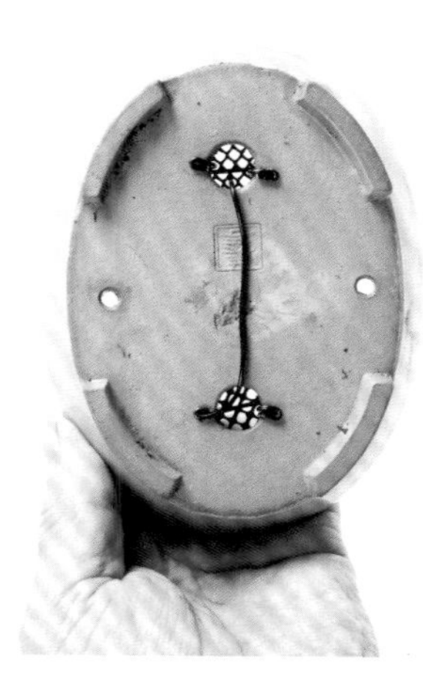

6 使金屬線貼合缽底。

7 缽盆放好，並且使金屬線稍微往左右兩側打開。

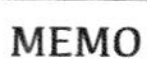

MEMO

固定缽底網金屬線的製作方法

也許一開始會覺得困難，不過只要習慣後就能輕鬆自如地製作。

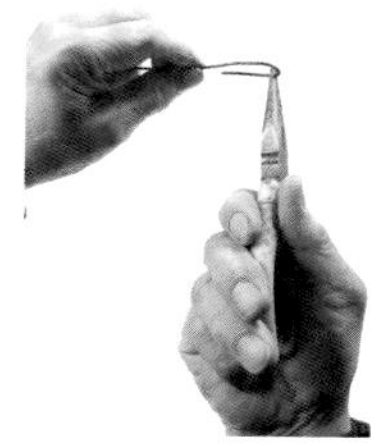

❶ 用鉗子將金屬線折起，先做一個圈。

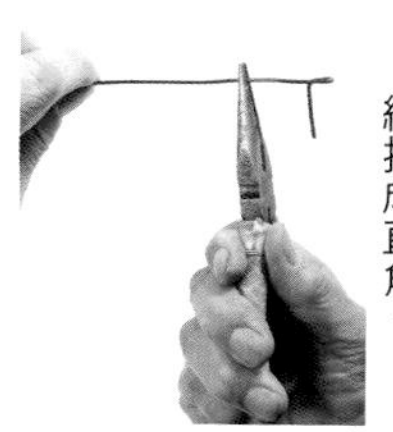

❷ 將較短的那條金屬線折成直角。

❸ 另外一側也用同樣方式製作。

❹ 用鉗子將左右剪成相同長度。

3 種植於鉢盆內

於鉢底放入用土。

※用土＝赤玉土（中顆粒）7：河砂3

放入樹木，接著放入和❽一樣的用土。

10

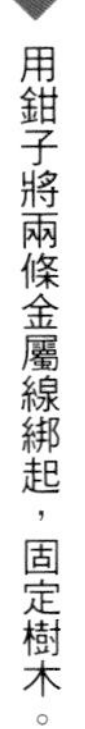

用鉗子將兩條金屬線綁起，固定樹木。

從上方倒入用土。接著用鑷子插入土中，讓用土進入根系的孔隙中。

POINT

步驟⓫的赤玉土顆粒大小和❽不同的原因，是為了要促進排水，因此在愈接近鉢底的位置，會使用愈大的顆粒。

POINT

雖然用土偶爾也會使用竹炭，不過鋪在表層的用土不會加入竹炭。因為在浸泡於水桶中時，竹炭會浮於水面。

※用土＝赤玉土（小顆粒）7：河砂3

12

種植完成，用澆水器澆水後，水分瀝乾的狀態。

MEMO

從鉢底吸水

剛剛移植完成的盆栽，也可以浸泡於水桶中，使其從鉢底吸水。這種方法可以使用土吸飽水分。

樹木的簡單固定法（範例：落霜紅）

缽盆較小且只有一個缽孔時，可以用此方法輕鬆固定。

1 準備缽盆，放入用土和樹木。

2 將金屬線的前端用鉗子剪成斜尖狀。

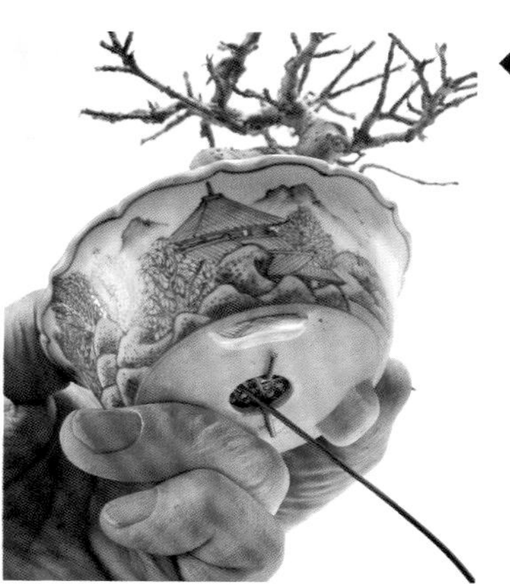

3 從缽底的缽孔穿入金屬線。

4 將金屬線從用土表面穿出，接著用鉗子夾住前端。

5 用鉗子將金屬線折成「倒U字」。

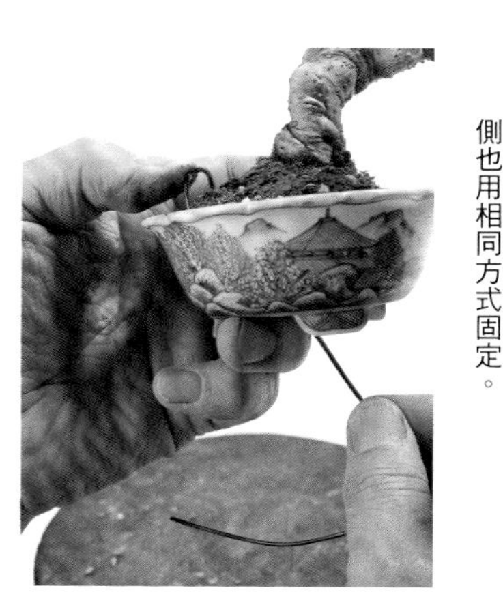

6 將金屬線往缽底拉到底，再折起固定樹木。用鉗子剪掉多餘的金屬線。另外一側也用相同方式固定。

鋪青苔（範例：石化檜）

小品盆栽容易乾燥，所以會覆蓋青苔保水。同時也能讓外觀更美麗，提升價值。

鋪青苔

1 用修枝剪將青苔表面剪成輕薄的小塊狀。

POINT
在選擇青苔時，應根據盆栽的栽培位置，挑選出適合此生長環境的類型。

POINT
要注意如果直接鋪設過厚的青苔，之後可能會無法確實附著而翻起。

2 用修枝剪夾起青苔，鋪在用土的表面。

3 用手指輕壓青苔，使其附著於土壤。

POINT
將青苔均勻鋪滿整個用土表面，避免重疊於一處。

4 用噴霧器灑水於青苔和盆栽上。

POINT
噴霧除了能清洗青苔、幫助附著於土壤之外，也能清除缽盆上的髒污。

撒青苔（範例：石榴→櫸樹）

將修剪下來的青苔灑在用土上，就能長出新的青苔。
最適合的時期，是青苔生長旺盛的六月上旬。

1 用修枝剪將長滿於石榴盆栽上的青苔剪短。

2 剪下的青苔，將用來撒在櫸樹盆栽上。

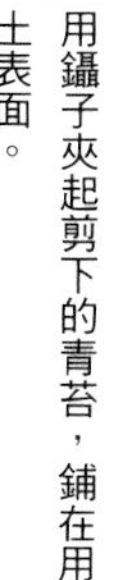

3 用鑷子夾起剪下的青苔，鋪在用土表面。

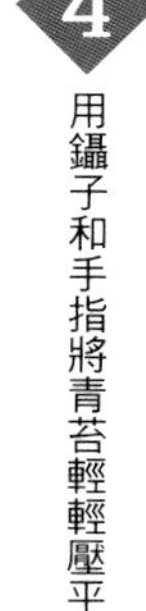

4 用鑷子和手指將青苔輕輕壓平。

5 避開根基部，將用土表面撒滿青苔。

POINT

避開根基部是為了要露出櫸樹的根盤，其他樹木在鋪青苔時可以整個鋪滿。

MEMO

撒完青苔後要注意環境管理避免被風吹走

撒青苔是將剪下來的青苔，鋪在土壤表面的狀態。

若撒完青苔後，將盆栽放置於室外，有可能因此被風吹走。

建議放置於溫室等溼度較高的場所。

用土的覆蓋方法、各種變化

覆蓋青苔或水苔也有防止用土飛散，防止棚架髒污的效果。進入梅雨季時，於春天栽種的盆栽已經長根，因此可以去除水苔及蓋網，更換成青苔鋪於表面。

使用青苔的盆栽

於用土表面覆蓋青苔，不僅具有保水效果，也能讓盆栽的外觀看起來更青翠美觀。

鋪青苔 ➡p.38
（範例：石化檜）

撒青苔 ➡p.39
（範例：櫸樹）

使用水苔的盆栽

在水苔表面鋪青苔，是非常仔細慎重的方式。另外，若在水苔表面鋪上一層細網，就算大風大雨也不用擔心用土被吹走。

將水苔以繩狀鋪設 ➡p.208

（範例：木瓜海棠）

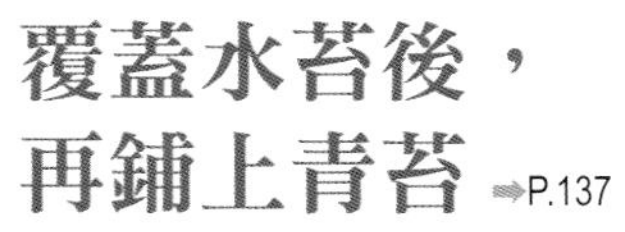

覆蓋水苔後，再鋪上青苔 ➡P.137

（範例：姬紗羅）

於水苔表面覆蓋細網 ➡p.224

（範例：窄葉火棘）

纏線
（範例：山茶花）

纏線要從下枝開始進行。根據枝條的粗細，挑選適合粗細度的金屬線。纏線時應纏繞至枝條的末梢。

將金屬線的中間部分靠在枝條上。

將金屬線固定於第二根要纏繞的枝條（前方的枝條）上。

3

將金屬線開始纏繞於第一根枝條（後方的枝條）。

4

纏繞至枝條的末梢後，用鉗子將多餘的金屬線剪斷。

5

接著纏繞第二根枝條（前方的枝條），同樣用鉗子將多餘的金屬線剪斷。

兩根枝條纏繞完成的狀態。

纏線的Q&A

Q. 如何挑選金屬線的種類？

A. 纏線用的金屬線，主要分成銅線和鋁線兩種。

銅線比較硬，因此操作困難，不過由於外觀為茶色，所以纏繞時比較不顯眼。

另一方面，鋁線雖然柔軟易操作，但是纏繞後卻會非常明顯。

Q. 如何拆掉金屬線？

A. 用剪刀將金屬線剪成小段即可順利脫落。順序是從上側的枝條末梢開始剪除。

如果金屬線嵌入枝條時，可以先將金屬線往反方向繞圈再剪掉。

POINT
要將所購買盆栽的金屬線拆除時，可以仔細觀察並學習纏線的狀態。

Q. 如何挑選金屬線的粗細？

A. 根據樹木枝條的粗細不同，所使用的金屬線粗細度也應隨之更換。一開始大多是接觸幼木，因此準備1～2mm粗的金屬線即可。

Q. 纏繞金屬線的間隔是多少？

A. 如果纏繞得太密集會看起來過於複雜，間隔太寬反而無法整枝。

雖然間隔長短沒有一定，不過重點在於保持相同的間隔。

Q. 拆除金屬線的時機是？

A. 金屬線所纏繞的枝條固定，樹形成形後，就可以將金屬線拆除。在這之前都應持續纏線。

不過在擺飾盆栽時，還是建議拆掉為佳。

盆栽的養護方法

移植和纏線結束後，就必須根據不同季節進行各種修剪管理。觀察樹木狀況的同時，實施適合的養護作業吧。

剔葉

用剔葉剪刀從葉片基部剪除。

窄葉火棘

切芽

用修枝剪去除伸長的芽。

木瓜海棠

摘芽

用鑷子將新芽的前端摘除。

三角楓

POINT

剔葉作用有三種。分別是①能呈現出漂亮的紅葉、黃葉。②一年就可以長出兩年分的細枝條。③在盆栽即將完成的時候，也能改善日照和通風。

修剪(作業後)

修剪完成的狀態。
愈來愈接近理想的樹形。

修剪(作業前)

用修枝剪去除擾亂樹形的枝條、忌枝（下一頁），調整樹形。

東北紅豆杉

疏葉

用修枝剪剪去下側的葉片，使樹幹周圍清爽乾淨。

黑松

MEMO

各種授粉的方式

1 有時候螞蟻會將花粉搬運至雌蕊的花蜜上。
2 也有像是照片般，拿著雌樹和雄樹的缽盆，直接進行授粉的方式。
3 另外還有將雌樹和雄樹放在一起，藉由風等搬運花粉的自然交配方式。

西博氏衛矛

修剪時，應修除忌枝

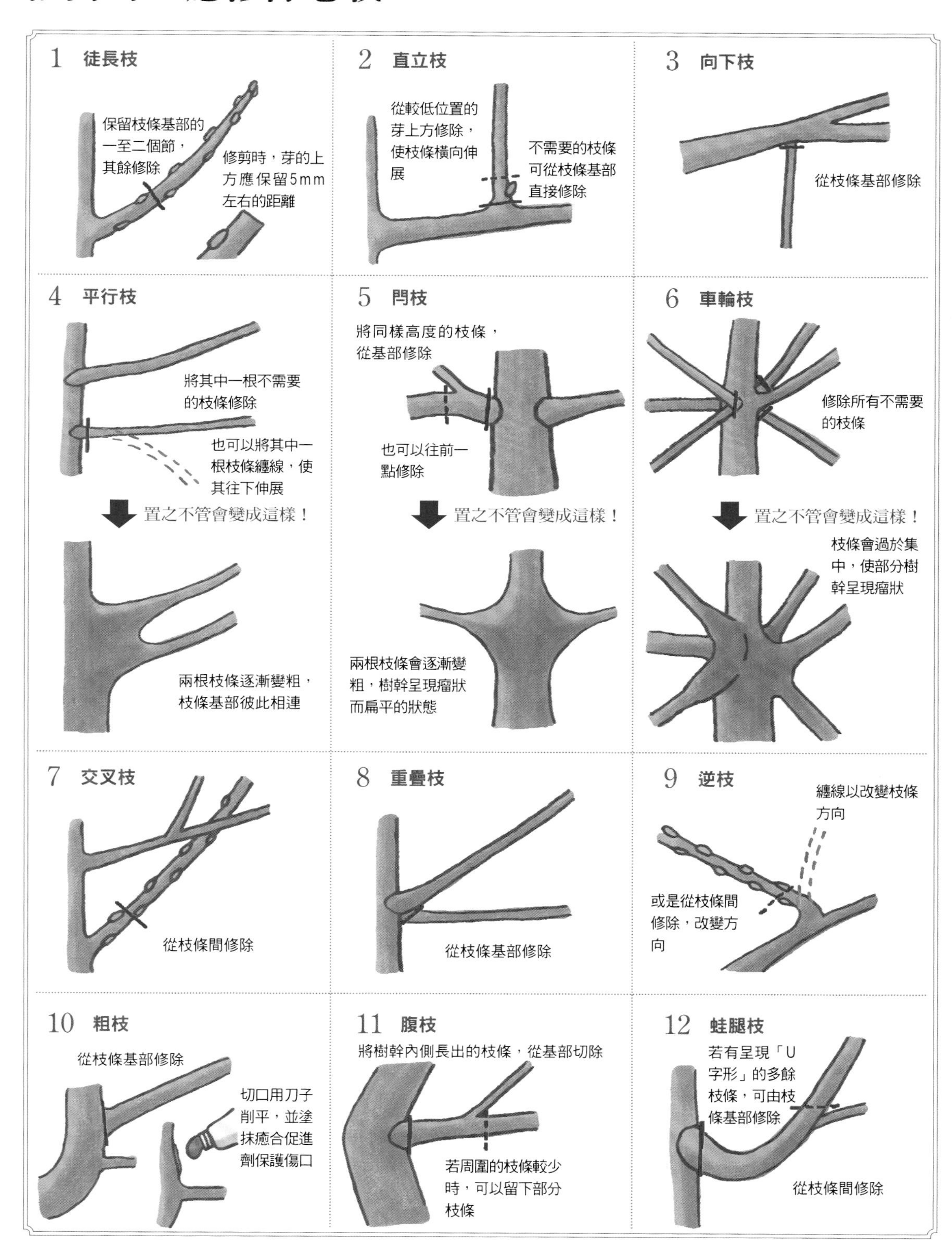
1 徒長枝
保留枝條基部的一至二個節，其餘修除
修剪時，芽的上方應保留5mm左右的距離
2 直立枝
從較低位置的芽上方修除，使枝條橫向伸展
不需要的枝條可從枝條基部直接修除
3 向下枝
從枝條基部修除
4 平行枝
將其中一根不需要的枝條修除
也可以將其中一根枝條纏線，使其往下伸展
置之不管會變成這樣！
兩根枝條逐漸變粗，枝條基部彼此相連
5 閂枝
將同樣高度的枝條，從基部修除
也可以往前一點修除
置之不管會變成這樣！
兩根枝條會逐漸變粗，樹幹呈現瘤狀而扁平的狀態
6 車輪枝
修除所有不需要的枝條
置之不管會變成這樣！
枝條會過於集中，使部分樹幹呈現瘤狀
7 交叉枝
從枝條間修除
8 重疊枝
從枝條基部修除
9 逆枝
纏線以改變枝條方向
或是從枝條間修除，改變方向
10 粗枝
從枝條基部修除
切口用刀子削平，並塗抹癒合促進劑保護傷口
11 腹枝
將樹幹內側長出的枝條，從基部切除
若周圍的枝條較少時，可以留下部分枝條
12 蛙腿枝
若有呈現「U字形」的多餘枝條，可由枝條基部修除
從枝條間修除

修剪出神枝・舍利幹

（範例：真柏）

藉由削除樹幹或枝條，營造出歷經風雪摧殘後的古木風情。只要掌握住訣竅，新手也能輕鬆挑戰。適合的樹種為真柏或是杜松。

修剪出神枝

1 用修枝剪去除多餘的枝條。

2 用刀子（手術刀或接木刀）削除枝條的表皮。

3 枝條表皮削除後的狀態。

4 將削除表皮的枝條前端，用叉枝剪剝裂，打造出彷彿自然斷裂的神枝。

5 神枝完成。

修剪出舍利幹

1 將樹幹的表皮用雕刻刀削除，製作出舍利幹。

POINT 注意要保留褐色部分（存活部分），否則會使樹木枯死！

2 將表皮削除後的樹幹部分，用打磨刀研磨。

3 舍利幹製作完成。

保護神枝・舍利幹的傷口

1 製作出神枝、舍利幹一個月後。將石灰硫礦混合劑稀釋兩倍，用毛筆塗抹於神枝、舍利幹的表面。

POINT 能讓神枝或舍利幹的顏色更加潔白。

2 經過三到四個月後，再次用石灰硫礦混合劑稀釋兩倍，薄薄塗抹一層於傷口後，經過一天的狀態。

POINT 經過數個月後，神枝或舍利幹會因為附著青苔而髒污，可用刷子水洗乾淨後，再塗抹石灰硫礦混合劑。每年應進行約兩次的塗抹作業。

塗抹松脂保護神枝・舍利幹的老舊部分

將樹幹或枝條表面剝除的神枝·舍利幹，一旦老舊後會開始流失樹脂。

只要塗抹松脂（松香）補充脂分，就能彈開水分，並且具有防腐的作用。不要直接塗抹，而是加入無水酒精中融解，就能增加滲透力。

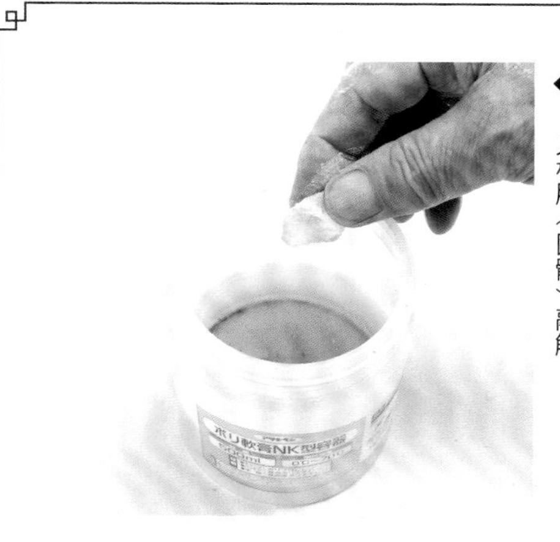

1 在無水酒精中（透明的液體），加入松脂（固體）融解。

2 用注射器或毛筆，將的液體均勻塗抹於舍利幹。

POINT 注射器或毛筆使用完後，應放入酒精中浸泡，使松脂充分融解後再保管。

只塗抹並保護樹幹的老舊（顏色較深）部分。

POINT 年輕的部分就算塗抹，也只是浪費而已。

種植盆栽

在這裡介紹分株、扦插、壓條、靠接等基本的種植方式。從種子開始栽培實生木需要較久的時間，較不建議新手選擇此法。

分株

扦插

壓條

靠接

購買幼木盆栽，並且花許多時間和心力栽培，就會逐漸對盆栽產生感情，成為屬於自己獨一無二的盆栽。如此一來，就算是修剪下來的枝條，也會覺得可惜而捨不得丟棄。

舉例來說，將樹木修剪後剪下來的枝條進行「扦插」，就能增殖三棵甚至四棵樹木。另外，當樹木根系長滿缽盆時，就可以藉由「分株」增殖出一盆或兩盆樹木。

樹幹太長，或是樹形外觀不如預期生長時，只要進行「壓條」，便能使樹幹變短，或是重新栽培出全新樹形的盆栽。

如果希望樹幹基部長出枝條，則可以藉由「靠接」繁殖出新的枝條。

盆栽是具有生命的。以理想的樹形為目標，逐漸繁殖出新的植株和枝條吧。

分株（範例：山繡球）

六月中旬 ● 將一棵植株分成兩棵。

1 從缽盆中取出的狀態。

2 用理根器將根系由上往下鬆開。

3 疏根完成的狀態。

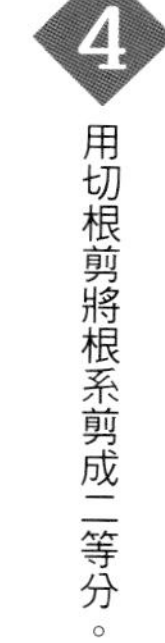

4 用切根剪將根系剪成二等分。

5 雙手往左右兩側拉，分成兩株。

6 將照片5的右側樹木移植到新盆缽後的狀態。

扦插（範例：縮緬葛）

四月下旬 ● 修剪母樹時剪下扦插用的枝條，藉由用土及水栽培。

母樹

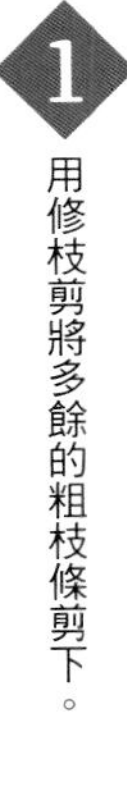

❶ 用修枝剪將多餘的粗枝條剪下。

❷ 將❶剪下的枝條用來扦插。首先用接木刀削平切口。

POINT

用剪刀等修剪時會破壞樹幹的纖維。務必要用銳利的刀片削除。

子樹

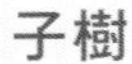

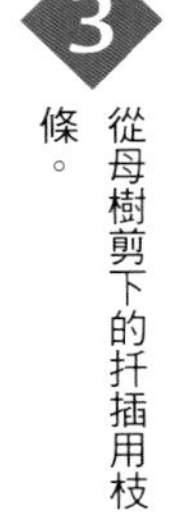

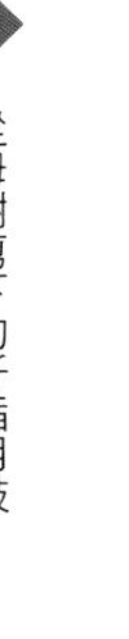

❸ 從母樹剪下的扦插用枝條。

❹ 於缽盆中放入用土，用鑷子將❸的枝條插入土中。

※赤玉土（中顆粒）

❺ 將扦插用的枝條栽種於用土後的狀態。

POINT

修剪完較粗的樹幹後，可於傷口塗抹癒合促進劑加以保護。

MEMO

栽種後的管理

於缽底放置水盤並且倒入水，便能提升存活率。盆栽可放入塑膠收納箱內，蓋上園藝用透明罩，放置於半日照處管理。

從缽底長根約需要二至三個月的時間。當新芽長出後即可進行移植。

子樹（一年後）

6 將栽培一年後的扦插用枝條，從5的盆缽中取出，清洗後的樣子。

※為了清楚易懂，因此先將用土清洗乾淨後才拍攝。

7 用修枝剪將上方的根系從根基部剪下。

8 修除多餘根系後的狀態。

9 準備缽盆栽種。
※赤玉土（中顆粒）

10 若根系還過於瘦弱時，可用金屬線固定。

11 將扦插用的枝條，栽培於用土後的狀態。

壓條（範例：櫻花樹）

三月下旬 ● 櫻花凋落、長出新葉之前是最適合的時期。

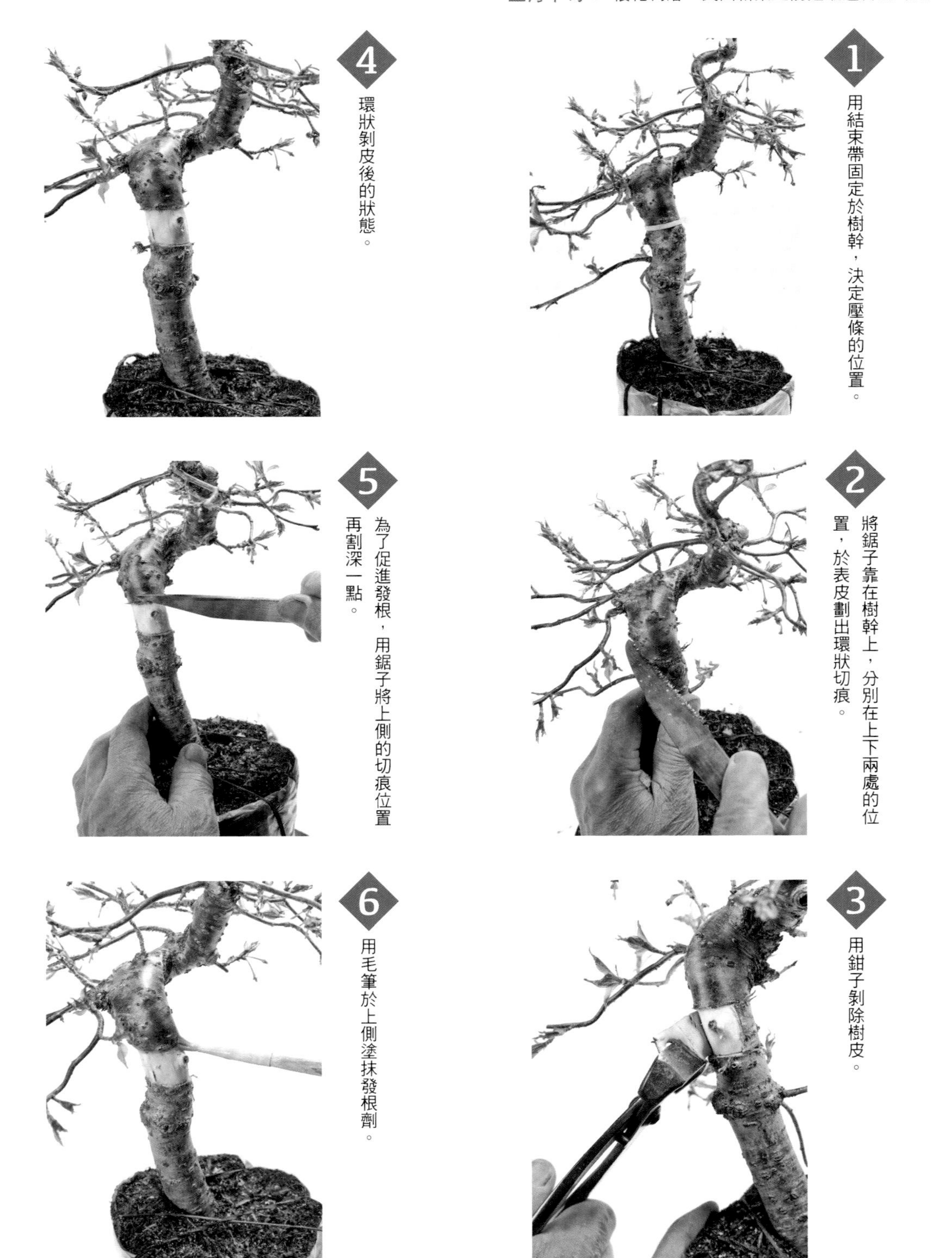

1 用結束帶固定於樹幹，決定壓條的位置。

2 將鋸子靠在樹幹上，分別在上下兩處的位置，於表皮劃出環狀切痕。

3 用鉗子剝除樹皮。

4 環狀剝皮後的狀態。

5 為了促進發根，用鋸子將上側的切痕位置再割深一點。

6 用毛筆於上側塗抹發根劑。

將水苔浸泡水後擰乾，用切根剪刀剪成約1cm的長度。

8

將水苔鋪平於塑膠布上，並且蓋在切口部分。

POINT
將水苔剪成小段，是為了避免發根後根系和水苔纏繞。

用塑膠布包覆一圈。

用金屬線纏繞於表面固定。

六月中旬的狀態。

MEMO

壓條後的管理

進行壓條後，應放置於半日照處管理。澆水時應充分澆濕整個盆栽，也要從水苔上方大量澆水。

到了六月左右，從塑膠布上方就可以觀察到發根的情況。

外圍的塑膠布可以包覆至隔年春天，直到根系茁壯為止。當根系生長茁壯後，就可以用鋸子將新根系下方的樹幹鋸除，剝掉塑膠布，將植株栽種於用土中。

靠接（範例：掌葉槭）

六月下旬 ● 可以調整枝條長出的位置，或是移植其他的枝條。

1 由於樹形不理想，所以將右邊的枝條靠接成「第一枝條」。

2 希望在這個位置（鑷子尖端的部分）長出枝條。

3 將準備要靠接的枝條（照片1右邊的枝條）纏線。

4 將枝條彎曲至要靠接的部位。

5 用手術刀削除靠接枝條的表皮。

6 用手術刀將樹皮劃出切口。

用接木膠帶捆繞，使兩邊的傷口緊密貼合。

纏繞剩下的金屬線並輕壓固定。

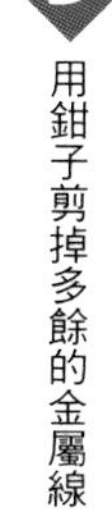

用鉗子剪掉多餘的金屬線。

仔細在枝條上纏繞金屬線。

11

完成「第一枝條」靠接後的狀態。

MEMO

拆金屬線和接木膠帶的時期

嫁接部分完全癒合，大概需要二至三個月的時間。

儘管每種樹木都可以進行靠接繁殖，不過松柏類的癒合時間常長達兩到三年。

挑選盆栽的重點

和一般植物相同，挑選盆栽的第一要點就是健康。不論樹形多漂亮，樹勢衰弱、染病或是開始枯萎的樹木還是要盡量避免。由於在這之後將會花上好幾年和盆栽相處、照顧管理並注入感情，因此就和挑選伴侶一樣，應小心謹慎地挑選。

話雖如此，但新手通常無法精準地判別盆栽的健康程度，所以可以積極請教生產者，請對方說明直到自己能接受為止。像是葉片枯萎或樹幹表面剝落等，也有可能只是和生病無關的自然現象。

接著可以觀察幼木，當然新手比較難以想像該創作出怎樣的樹形。這就和雕刻家看到石頭或木頭，就會知道要雕刻出什麼樣的作品一樣。

總之，首要之務是選擇健康的盆栽，接著再根據靈感，挑選自己覺得「真不錯啊」的種類，也許才是能夠擇出可長年相伴之盆栽的訣竅。

第3章

不同樹木的盆栽培育方法

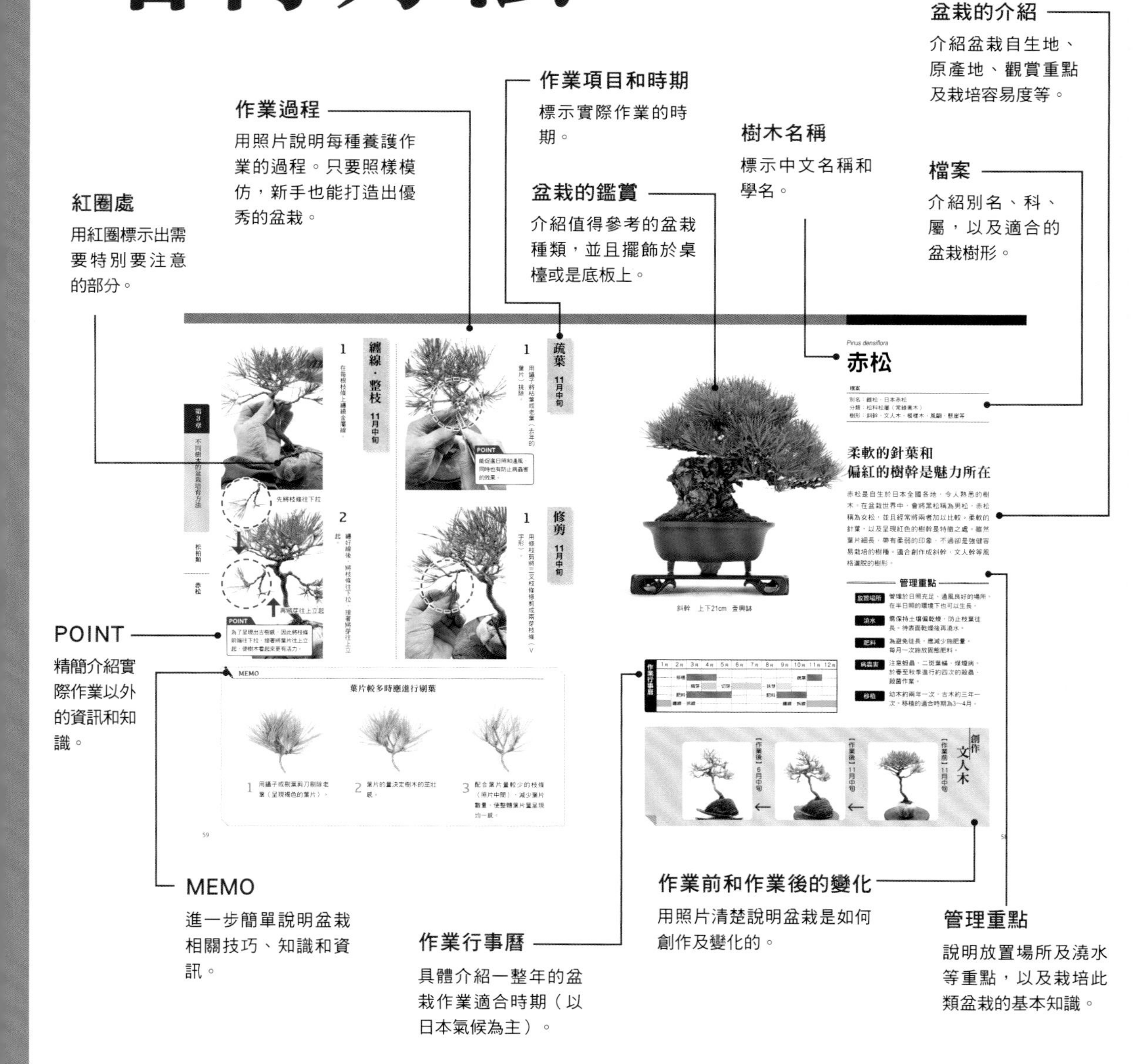

Pinus densiflora

赤松

檔案

別名：雌松、日本赤松
分類：松科松屬（常綠喬木）
樹形：斜幹、文人木、模樣木、風翩、懸崖等

斜幹　上下21cm　壹興缽

柔軟的針葉和 偏紅的樹幹是魅力所在

赤松是自生於日本全國各地，令人熟悉的樹木。在盆栽世界中，會將黑松稱為男松，赤松稱為女松，並且經常將兩者加以比較。柔軟的針葉，以及呈現紅色的樹幹是特徵之處。雖然葉片細長，帶有柔弱的印象，不過卻是強健容易栽培的樹種。適合創作成斜幹、文人幹等風格瀟脫的樹形。

管理重點

放置場所　管理於日照充足、通風良好的場所。在半日照的環境下也可以生長。

澆水　需保持土壤偏乾燥，防止枝葉徒長。待表面乾燥後再澆水。

肥料　為避免徒長，應減少施肥量。每月一次施放固態肥料。

病蟲害　注意蚜蟲、二斑葉蟎、煤煙病。於春至秋季進行約四次的殺蟲、殺菌作業。

移植　幼木約兩年一次，古木約三年一次。移植的適合時期為3～4月。

作業行事曆

作業	1月	2月	3月	4月	5月	6月	7月	8月	9月	10月	11月	12月
移植			■	■								
疏葉											■	
摘芽			■									
切芽						■	■					
抹芽									■			
肥料			■	■	■				■	■		
纏線・拆線	■										■	■

疏葉 11月中旬

1 用鑷子將枯葉或老葉（去年的葉片）挑除。

POINT
能促進日照和通風，同時也有防止病蟲害的效果。

修剪 11月中旬

1 用修枝剪將三叉枝條修剪成兩芽枝條（V字形）。

纏線・整枝 11月中旬

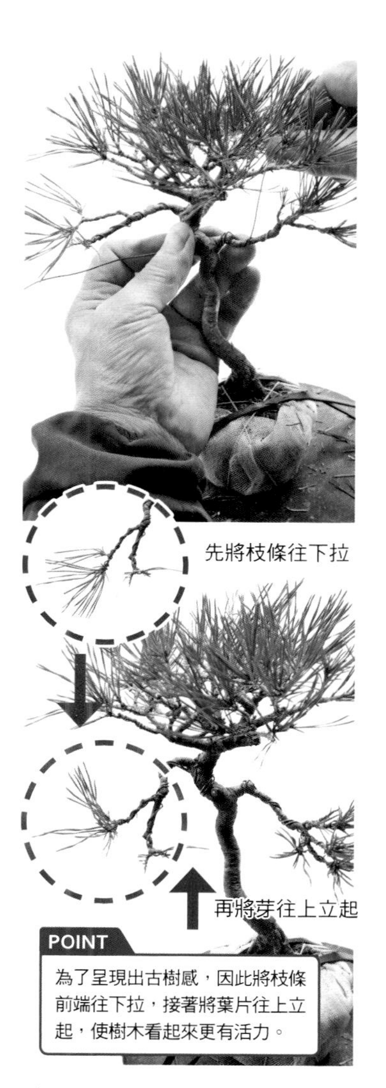

1 在每根枝條上纏繞金屬線。

2 纏好線後，將枝條往下拉，接著將芽往上立起。

POINT
為了呈現出古樹感，因此將枝條前端往下拉，接著將葉片往上立起，使樹木看起來更有活力。

MEMO

葉片較多時應進行剔葉

1 用鑷子或剔葉剪刀剔除老葉（呈現褐色的葉片）。

2 葉片的量決定樹木的茁壯感。

3 配合葉片量較少的枝條（照片中間），減少葉片數量，使整體葉片量呈現均一感。

修剪 11月中旬

1

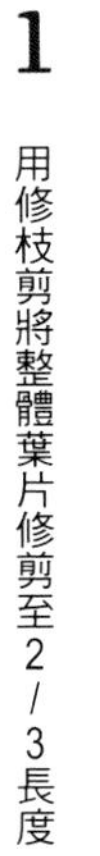

用修枝剪將整體葉片修剪至2/3長度。

換盆 11月中旬

1

用理根器從上往下鬆開根系。

POINT

根基部會因為松樹的樹脂而變得有如石頭般僵硬。

POINT

雖然移植的適合時期為3～4月，不過換盆時不太會破壞根系，所以在這個時期也可以進行換盆作業。

2

用切根剪刀剪去較長的根系。

3

樹木放在人工鞍馬石上，將製作成球型的泥炭土包覆於根系的周圍。

※泥炭土的製作方法➡p.17

MEMO

去除鱗片

用鑷子挑除鱗片（芽基部的鱗片部分），使枝條表面平滑乾淨。

如此一來可防止髒污和黴菌附著。

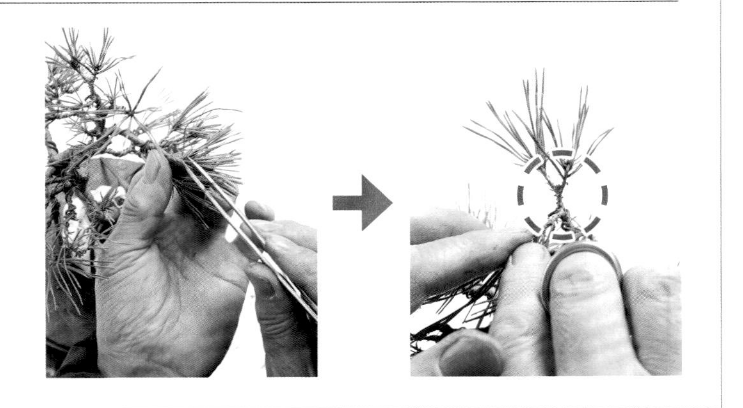

切芽 6月中旬

1 葉芽伸展的狀態。

2 用修枝剪從芽基部切除。

POINT
切芽時期如果太晚，會讓葉芽的長度變短。反之太早則會因為生長過於茂盛而困擾。

3 切芽完成的狀態。

4 用噴霧器給予水分。

POINT
使用噴霧器能讓用土變得柔軟，易於鋪青苔。

5 換好盆，鋪完青苔的狀態。

MEMO

重複進行松樹類的獨特修剪方法「短葉法」

摘芽＝於4月用手指摘除新芽的尖端。
切芽＝6～7月從芽基部切除，促進第二次的萌芽。
抹芽＝9月中在切芽後的第二葉芽上，於每個枝條留下兩個葉芽，去除多餘的葉芽。

Taxus cuspidata

東北紅豆杉

檔案

別名：日本紅豆杉、赤柏松、紫柏松、朱樹
分類：紅豆杉科紅豆杉屬（常綠喬木）
樹形：直幹、斜幹、模樣木、株立等

葉片帶有光澤且茂密 樹形創作容易

自生於日本全國各地的強健樹木。具有樹幹堅硬不易腐蝕的特性，因此日本在作為木材利用時，被稱之為「一位」。葉芽茂盛而且密集，可以隨心所欲創作出理想的樹形。適合栽培於半日照、遮陰處，在松柏中可謂罕見。也可以製作出神枝或舍利幹。

株立　上下17cm　石附

作業行事曆	1月	2月	3月	4月	5月	6月	7月	8月	9月	10月	11月	12月
移植・扦插			■	■	移植・扦插							
摘芽			摘芽	■	■	■	■	■	■			
肥料			肥料	■	■	■		肥料	■	■		
纏線・拆線	■	■	■	■	纏線・拆線					纏線・拆線		■

管理重點

放置場所 半日照～遮陰處。夏季避免直射陽光，應管理於通風良好的場所。

澆水 由於喜愛水分，因此也被稱之為「水松」。注意避免過於乾燥。

肥料 為保持葉片顏色翠綠，可增加施肥量。每月一次施放固態肥料。

病蟲害 注意介殼蟲、捲葉蟲及黴菌。

移植 幼木約兩年一次，古木約三年一次。移植的適合時期為3～4月。

修剪 4月下旬

1

用叉枝剪將較粗的枝條剪下。

POINT
過粗的枝條形狀太直，因為無法藉由纏線彎曲造型，所以只留下易於調整樹形的枝條。

2

將一根粗枝條修剪之後的狀態。

POINT
切口不需要塗抹癒合促進劑。當傷口變得老舊後，預計在此位置製作神枝。

3

將所有粗枝條修剪後的狀態。

4

用修枝剪將較長的枝條剪下。

5

長枝條修剪完成的狀態。

纏線・整枝 4月下旬

1

於每根枝條上纏線，進行整枝。

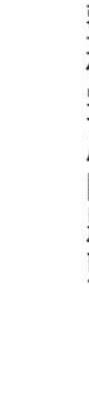

2

纏線及整枝完成的狀態。

移植 4月下旬

1

用切根剪以縱向剪開根系。

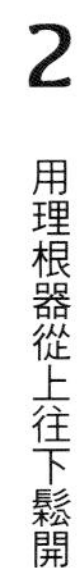
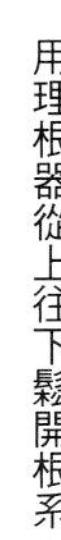

2

用理根器從上往下鬆開根系。

3

用切根剪將較長的根系剪短。

4

根系修剪後的狀態。

5

準備缽盆和用土。

※用土＝赤玉土（中顆粒）8：河砂2

6

用鉗子將金屬線扭緊固定於一處，接著將金屬線藏在用土中，固定樹木。

7

用盛土器從上方倒入用土。

※用土＝赤玉土（小顆粒）8：河砂2

8

移植完成，鋪好青苔的狀態。

摘芽 6月上旬

1

用手指按住芽基部，再用鑷子摘除葉芽。

2

老葉（黑褐色的葉片）也用鑷子摘除。

POINT

摘芽作業應於4～9月之間重複進行。

Picea jezoensis

魚鱗雲杉

檔案

別名：魚鱗松、蝦夷松
分類：松科雲杉屬（常綠喬木）
樹形：直幹、斜幹、模樣木、石附等

斜幹　上下16cm　石附

用一棵樹木呈現出北國的森林風情

魚鱗雲杉是生長於北海道等嚴寒北國的樹木。八房性※的扦插樹木取得容易。春天的新芽呈現出亮綠色，是非常美的樹木。以石附裝飾盆栽，可以營造出大自然風情。樹幹容易裂皮，可呈現出古木感，也能創作神枝。

※八房性：芽點多且枝葉較原生品種短小的品種。

作業行事曆	1月	2月	3月	4月	5月	6月	7月	8月	9月	10月	11月	12月
移植			■	■	■							
摘芽					■							
肥料				■	■				■	■	■	
纏線・拆線	■	■	■	■								■

管理重點

放置場所 管理於日照充足、通風良好的場所。夏季可栽培於半日照的環境中。冬季應移動至屋簷下。

澆水 不喜愛乾燥，可增加澆水頻率。夏季要注意缺水。夏季可施灑葉水調節溫濕度。

肥料 每月一次施放固態肥料。

病蟲害 注意二斑葉蟎。可灑葉水預防。

移植 幼木約兩年一次，古木約三年一次。移植的適合時期為3～5月中旬。

移植準備 4月中旬

1 用修枝剪將黑軟盆的上半部連同根系一起剪下。

POINT
將黑軟盆的植株深植並按壓，就能固定樹木。

2 剪完黑軟盆和根系的狀態。

POINT
讓根盤露出後再決定樹形。

修剪 4月中旬

1 用修枝剪修除過於茂密的枝條。

POINT
修剪枝條後，葉片也能長得比較茂密。這是葉片小、芽數多的「八房性」植株的栽培管理方式。

纏線・整枝 4月中旬

1 於每根枝條纏線、整枝。

2 纏線、整枝完成的狀態。

摘芽 5月中旬

1 新芽生長的狀態。

2

用鑷子將往下生長的芽摘除。

移植

5月中旬

1

從黑軟盆中取出的狀態。

2

準備盆缽。

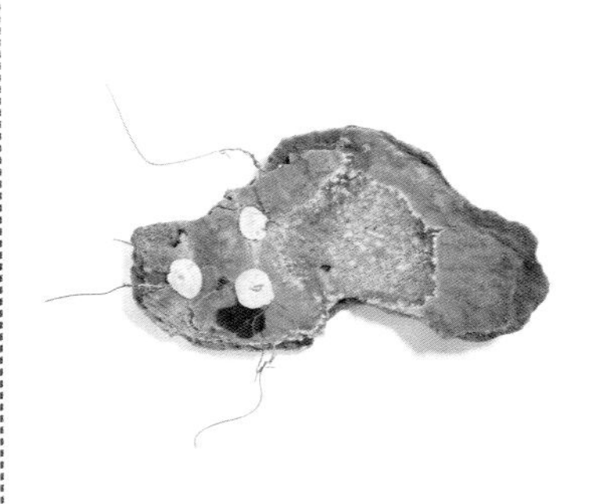

POINT

選擇了具有風情的平石當作缽盆。右側可以積水。

3

將樹木放在平石上，決定位置。

4

將泥炭土放置於平石上。

※泥炭土的製作方法➡p.17

5

用手指按壓根系上方，固定樹木。

6

用鉗子將金屬線固定於三處，用剪刀剪去多餘的金屬線。

7

將揉成圓球狀的泥炭土，包覆於根系周圍。

8

包覆完泥炭土的狀態。

9

將數根皋月杜鵑（品種：早乙女）扦插於周圍。

10

移植完成，鋪好青苔的狀態。

Pinus thunbergii

黑松

檔案

別名：日本黑松、白芽松、洋松、鱗毛松
分類：松科松屬（常綠喬木）
樹形：直幹、斜幹、雙幹、文人木、模樣木、懸崖等

斜幹　上下19cm　朱泥角缽

剛硬挺直的針葉
龜裂樹皮的蒼勁之美

有日本三景美稱的「松島」、「安藝的宮島」、「天橋立」都生長著黑松，是美麗風景的重要角色。說到「盆栽」，想必許多人都會先聯想到黑松，甚至有松柏中的「雄松」之稱，擁有極高的人氣。樹木強健且容易栽培，也推薦新手栽種。

管理重點

放置場所　管理於日照充足、通風良好的場所。也可栽培於半日照的環境。

澆水　喜愛水分。用土表面乾燥後澆灑大量水分。

肥料　施放固態肥料。可增加施肥量。

病蟲害　注意蚜蟲、松枯病、二斑葉蟎、葉枯病。可施灑殺蟲劑。

移植　幼木約兩年一次，古木約三年一次。移植的適合時期為3～4月。

作業行事曆

1月	2月	3月	4月	5月	6月	7月	8月	9月	10月	11月	12月
		移植	移植							疏葉	
			摘芽		切芽	切芽		抹芽			
		肥料	肥料	肥料				肥料	肥料	肥料	
纏線・拆線	纏線・拆線	纏線・拆線									纏線・拆線

疏葉 11月中旬

1
用修枝剪將下部的葉子剪下。

修剪 11月中旬

1
用修枝剪將過於筆直的主幹剪下。

2
剪完主幹後的狀態。

3
用修枝剪從葉片的基部修剪，使整體的葉片量平均。

4
葉片修剪後，呈現平均的狀態。

5
於主幹的傷口上塗抹癒合促進劑。

6
用修枝剪將葉尖修剪至一樣的長度。

纏線・整枝 11月中旬

1
將每根枝條纏線，進行整枝。

2

纏線、整枝完成的狀態。

移植 4月上旬

1

用理根器從上往下將根系鬆開。

POINT

黑松通常都栽種於河砂中，所以可以簡單地將根系鬆開。

2

疏根完成的狀態。

3

用修枝剪將固定根系的金屬線剪斷並拆除。

4

用切根剪將較長的根系修剪完成的狀態。

5

準備盆缽和用土。

POINT

從上方倒入的用土不要混入竹炭。因為浸泡於水桶時竹炭會浮起。

※用土＝赤玉土（中顆粒）10：河砂4，接著加入1成比例的竹炭。

6

移植完成，鋪好青苔的狀態。

切芽 6月中旬

1

新芽生長的狀態。

2

用修枝剪將今年長出的芽，剪短至留下一點芽基部的長度。

POINT

如果連同芽基部一起剪掉，就會因為流出松脂而無法繼續長芽。

3

切芽完成後的狀態。

MEMO

切芽時的注意事項

1 剛長出的新芽

注意不要修剪剛長出的新芽。

2 澆水

切芽作業的前一天不要澆水。用土若呈現乾燥狀態時，樹木比較不會分泌松脂。切芽結束後再澆水即可。

3 肥料

切芽後應將肥料移除，避免第二次的芽生長過長。到了9月中旬以後，再施放充足的肥料，為樹木注入活力。

Pinus parviflora

五葉松

檔案

別名：日本五針松、姬小松、五鈫松
分類：松科松屬（常綠喬木）
樹形：直幹、斜幹、模樣木、文人木、懸崖等

斜幹　上下20cm　朱泥丸缽

深具威嚴和氣派的盆栽代表樹木！

自生於日本全國的高山岩場。會從葉片的基部長出五片葉子的芽束。葉片較短，舊葉到了秋季會自然掉落，不需要加以修剪維護。生長速度慢，打造成古趣氛圍需要相當的時間，不過可以創作出神枝及舍利幹。和黑松一樣，經常用來當作新年期間的裝飾盆栽。

管理重點

放置場所 管理於日照充足、通風良好的場所。也可栽培於半日照的環境。

澆水 早春～夏季減少澆水量，避免新芽或葉片生長過於旺盛。

肥料 施放固態肥料。早春應減少施肥量，避免新芽生長過剩。

病蟲害 注意棉蟲、蚜蟲、葉枯病。可施灑殺蟲劑。

移植 幼木約兩年一次，古木約三年一次。移植的適合時期為3～4月和8～9月。

作業行事曆

作業	1月	2月	3月	4月	5月	6月	7月	8月	9月	10月	11月	12月
移植			■	■				■	■			
疏葉											■	
摘芽				■								
肥料			■	■	■				■	■	■	
纏線・拆線	■	■	■							■	■	■

修剪 11月中旬

1

用修枝剪將枯葉或舊葉（去年的葉片）剪下。

2

用修枝剪將樹木最上方枝條前端的芯的部分（中間的枝條）剪下。

POINT
有抑制樹木長高的效果。

3

用修枝剪從葉片的基部修剪，使整體的葉片量平均。

4

用修枝剪將多餘的枝條從中後段剪下。

5

留下枝條基部的狀態。

POINT
如果修剪到枝條基部，樹木會分泌松脂，使樹幹沾染白色樹液而難以清除。經過一年後再從枝條基部切除即可。

纏線・整枝 11月中旬

1

將每根枝條纏線，進行整枝。

2

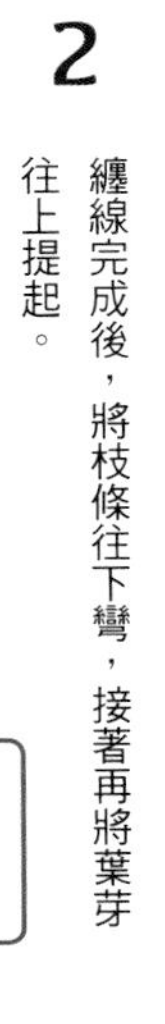

纏線完成後，將枝條往下彎，接著再將葉芽往上提起。

POINT
將枝條往下彎呈現出古老樹木的氛圍，葉芽往上提起可讓樹木呈現活力感。

3

用修枝剪將多餘的車輪枝剪下。

4

纏線完成後的狀態。

移植 4月上旬

1

從缽盆中取出的狀態。

POINT
根系周圍的白色部分為「共生菌」。也是樹木健康的證明。

2

用切根剪將根系以橫向剪除。

POINT
松樹的訣竅在於不要將根系整個鬆開。

3

根系修剪完成的狀態。

4

準備缽盆和用土。

※用土＝赤玉土（中顆粒）10：河砂4，接著加入1成比例的竹炭。

5

放入用土，再用竹籤插入土中，減少土壤和根系間的空隙。

POINT
從上方倒入的用土不要混入竹炭。因為浸泡於水桶時竹炭會浮起。

※用土＝赤玉土（小顆粒）10：河砂4

6

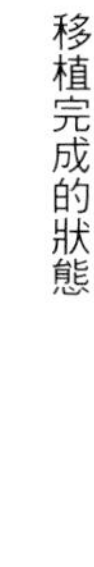

移植完成的狀態

摘芽 4月中旬

1

用鑷子夾起過長的葉芽，從中間摘除。

MEMO

葉片特性的差異

五葉松以葉片挺直（右圖）的特性為佳。

挑選樹木時，盡量避開葉片彎曲（左圖）的植株。

葉片彎曲的樹木，就算經過好幾年，也沒辦法變得挺直。

Juniperus chinensis

真柏

檔案

別名：檜柏、圓柏
分類：柏科刺柏屬（常綠灌木）
樹形：斜幹、直幹、雙幹、模樣木、懸崖、石附等

藉由神枝·舍利幹雕刻打造出淡泊的古樹風！

分布於北海道至九州高山，匍匐在岩場上生長。真柏具有極高的鑑賞價值，所以被稱為「真正的柏樹」而得其名。由於枝條柔軟，因此方便創作樹形為其特徵。可承受較粗蠻的處理作業，適合製作神枝或舍利幹。樹勢強健，新手也能輕鬆栽培。

模樣木　上下21cm　朱泥木瓜缽

管理重點

放置場所 管理於日照充足、通風良好的場所。也可栽培於半日照的環境。

澆水 澆灑充足的水分。夏季應施灑葉水。

肥料 施放固態肥料。由於生長旺盛，施肥過量會使根系生長過剩。

病蟲害 注意二斑葉蟎。可灑葉水防治。

移植 根系容易纏繞。幼木約兩年一次，古木約三年一次。移植的適合時期為3月、8～9月。

作業行事曆

作業	1月	2月	3月	4月	5月	6月	7月	8月	9月	10月	11月	12月
移植			■					■	■			
摘芽					■	■	■	■	■			
肥料					■				■	■		
纏線・拆線	■	■	■	■								■

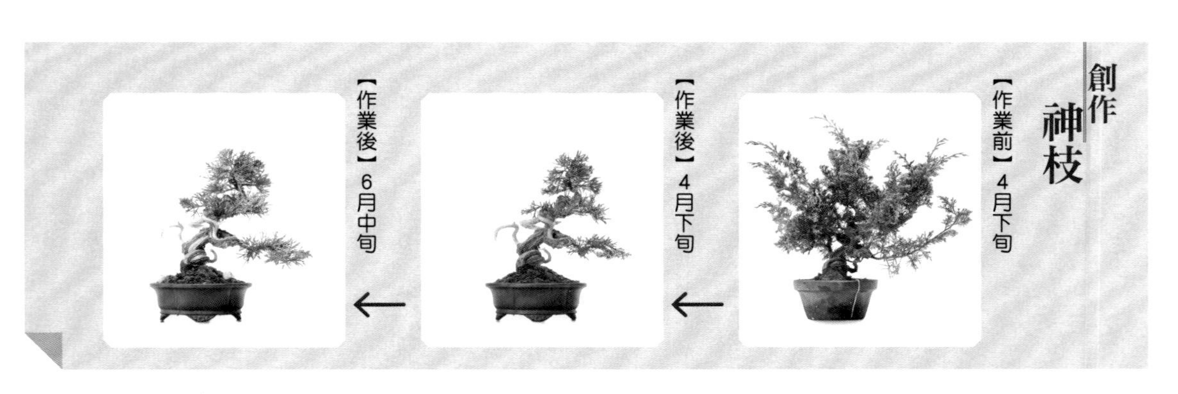

修剪 4月下旬

1 用叉枝剪將多餘的枝條剪下，修剪時留下一定長度。

2 修剪完成的狀態。

創作神枝・舍利幹 4月下旬

1 用鉗子剝除樹幹的表皮。

2 用叉枝剪將樹幹的切口撕裂。

POINT
去除剪刀的痕跡，呈現出有如自然裂開般的氛圍。

MEMO

注意不要過度剝皮！

樹木會藉由樹皮內側的柔軟部分吸收水分和養分，而內側的木質部則用來支撐樹木。
到了春天樹幹會吸收水分而變得柔軟，樹皮能輕易剝除，因此要注意別過度剝皮。
另外，雖然冬天常因乾燥而難以剝皮，卻是創作神枝或舍利幹的最佳時機。

3

樹幹表皮剝皮完成，前端呈現細尖狀的狀態。

POINT

削除後的傷口一定要進行保護。

➡p.47

纏線・整枝 4月下旬

1

將每根枝條進行纏線和整枝。

2

纏線、整枝完成的狀態。

POINT

由於樹幹呈現彎曲狀，因此也將枝條彎曲以呈現協調感。

移植 4月下旬

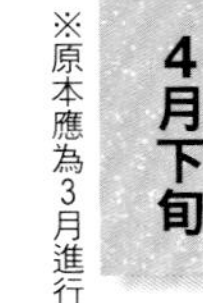

※原本應為3月進行移植。

1

用理根器從上往下鬆開根系。

2

用切根剪將過長的根系剪短。

3

根系修剪完成的狀態。

摘芽 6月中旬

1

葉芽生長茂盛的狀態。

2

用鑷子將過長的葉芽拔除。

POINT
作業時要注意避免傷及葉芽。如果葉芽受傷或用剪刀剪短後，會因此而呈現褐色。

3

摘芽完成的狀態。

4

準備缽盆和用土。

※用土＝在赤玉土（中顆粒）8：河砂2中，加入1成比例的竹炭。

5

用盛土器從上倒入用土。

POINT
從上方倒入的用土不要混入竹炭。因為浸泡於水桶時竹炭會浮起。

※用土＝赤玉土（小顆粒）8：河砂2

6

移植完成，鋪好青苔的狀態。

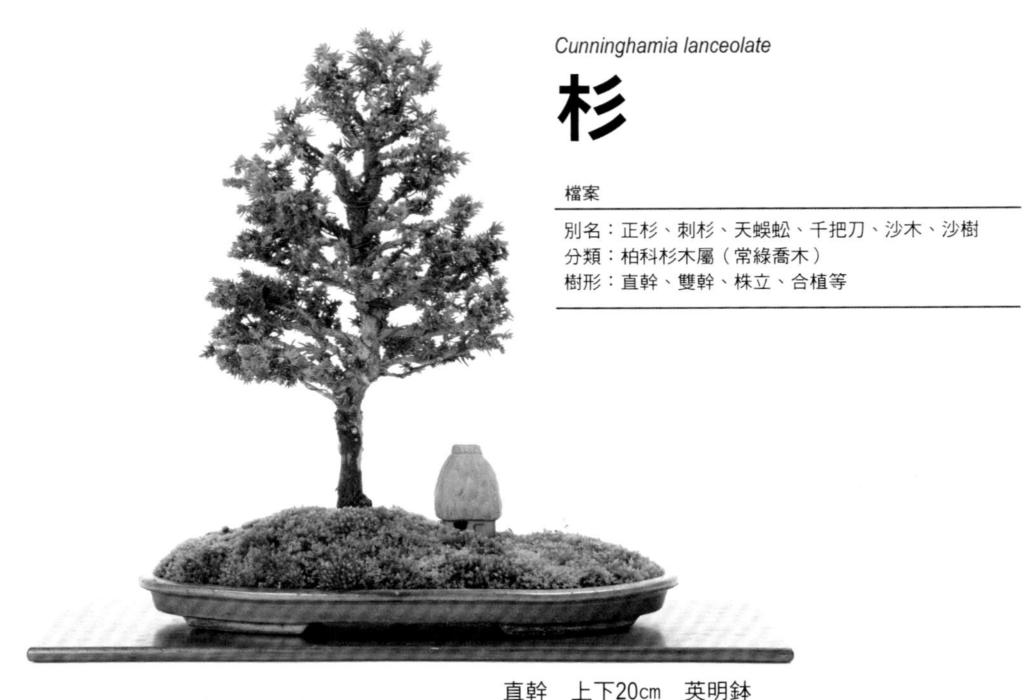

直幹　上下20cm　英明鉢

Cunninghamia lanceolate

杉

檔案

別名：正杉、刺杉、天蜈蚣、千把刀、沙木、沙樹
分類：柏科杉木屬（常綠喬木）
樹形：直幹、雙幹、株立、合植等

直幹樹形的清廉高雅
葉片的變化也是魅力所在

自生於日本青森至屋久島，生長範圍極廣。樹齡可達300～400年，也是自古就被當作神木崇拜的樹木。雖然植木林的杉樹樹幹非常挺直，不過生長於自然林的杉木則多半呈現彎曲的多樣風貌。根據不同季節而出現微妙變化的葉片顏色，也是魅力之一。

作業行事曆

	1月	2月	3月	4月	5月	6月	7月	8月	9月	10月	11月	12月
移植			■	■								
摘芽				■	■	■	■	■	■			
肥料					■	■	■	■	■	■		
纏線・拆線			■	■	■				■	■		

管理重點

放置場所 管理於日照充足、通風良好的場所。也可栽培於半日照的環境。

澆水 喜愛水分。可根據季節調整澆水次數。

肥料 施放固態肥料。施肥過量會使枝葉生長過剩，可減少用量。

病蟲害 注意二斑葉蟎、煤煙病、赤枯病。二斑葉蟎可灑葉水防治。

移植 幼木約兩年一次，古木約三年一次。移植的適合時期為3～4月。

栽種於平缽內，搭配茅草屋

修剪 4月下旬

1

用修枝剪將過於混雜的枝條剪下。分岔的枝條可修剪前端。

POINT
這棵樹木的樹幹較細，因此會將輪廓修出一些層次，以呈現出協調感。

2

修剪完成的狀態。

POINT
修剪成可看見樹幹分枝的樣子。

纏線・整枝 4月下旬

1

將每根枝條進行纏線和整枝。

2

纏線、整枝完成的狀態。

移植 4月下旬

1

準備缽盆和用土。

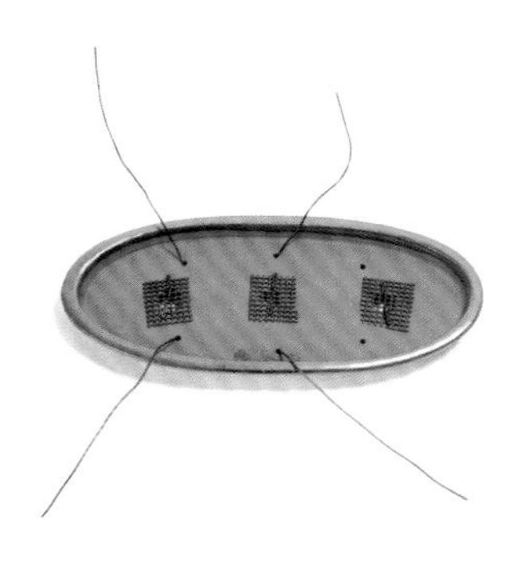

※用土＝在赤玉土（中顆粒）8：河砂2中，加入1成比例的竹炭。

2

將樹木放入缽盆中決定位置，並預測放入缽盆中所需的用土量。

3

於缽底放入用土。

4

用鉗子將金屬線綁緊於兩處，固定樹木。

※用土＝赤玉土（中顆粒）8：河砂2

5

將用土從上方倒入。

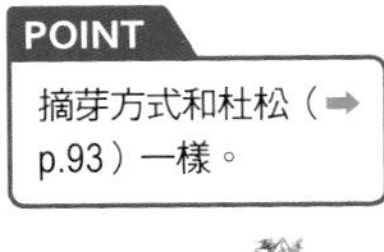

6

移植後鋪上青苔，放上茅草屋裝飾的狀態。

MEMO

放上「茅草屋」，營造出故事情景！

選擇用古民家的「茅草屋」搭配。除了圖片中的陶製品之外，也有石製的材質。

在多餘的空間內放上小物品裝飾，增添氣氛。可當作盆栽一景，營造出故事性。

Chamaecyparis obtusevar

石化檜

檔案

別名：黃金石化檜
分類：柏科扁柏屬（常綠喬木）
樹形：直幹、雙幹、斜幹、合植等

株立　上下20cm　朱泥橢圓缽

鱗片狀的葉片密集生長 適合當作小品盆栽

檜木自生於福島縣以南的本州、四國及九州，經常當作建材利用。而盆栽主要使用的品種為石化檜和津山檜。石化檜有如鱗片般的葉片密集生長，是適合製作成小品盆栽的樹木。只要仔細摘芽，就能防止枯枝，打造出輪廓美麗的盆栽。

管理重點

放置場所 管理於日照充足、通風良好的場所。從12月左右開始，若放置於日照良好的地方，就能維持翠綠的葉片。

澆水 喜愛水分。用土表面乾燥後即可施灑大量水分。

肥料 喜愛肥料。施放固態肥料。

病蟲害 注意二斑葉蟎、天牛。二斑葉蟎可灑葉水防治。

移植 幼木約兩年一次，古木約三年一次。移植的適合時期為2月中旬～5月。

作業行事曆

1月	2月	3月	4月	5月	6月	7月	8月	9月	10月	11月	12月
移植	移植	移植	移植	移植							
			摘芽	摘芽	摘芽	摘芽	摘芽	摘芽	摘芽		
		肥料	肥料	肥料	肥料		肥料	肥料	肥料		
纏線・拆線	纏線・拆線	纏線・拆線	纏線・拆線						纏線・拆線	纏線・拆線	纏線・拆線

創作 雙幹

【作業前】2月中旬

【作業後】2月中旬

修剪 2月中旬

1 用修枝剪將過長的枝條剪下。

POINT
為了使栽培中的植株樹幹加粗，因此刻意讓枝條生長。

2 修剪完成的狀態。

纏線・整枝 2月中旬

1 將每根枝條進行纏線和整枝。

POINT
枝條柔軟，因此塑形容易。葉片非常細小，所以能清楚呈現出樹型的輪廓。

2 用鑷子摘除垂下的葉片。

3 纏線、整枝完成的狀態。

移植 2月中旬

1 用理根器將根系由上往下鬆開，接著用切根剪將過長的根系剪短。

2

根系修剪完成的狀態。

3

準備缽盆和用土。

※用土＝在赤玉土（中顆粒）8：河砂2中，加入1成比例的竹炭。

4

用鉗子扭轉金屬線以固定樹木，再將多餘的金屬線剪下。用盛土器從上方倒入用土。

※用土＝赤玉土（小顆粒）8：河砂2

5

移植完成，鋪好青苔的狀態。

MEMO

藉由摘芽使輪廓線更加整齊

到了6月中旬左右，葉芽又會開始生長。這時候可用鑷子將突出輪廓線的葉芽摘除。

Chamaecyparis obtusavar. tusyama

津山檜

檔案

別名：矮雞檜
分類：柏科扁柏屬（常綠喬木）
樹形：直幹、雙幹、斜幹、合植等

半懸崖　上下28cm　陶翠缽

發現及繁殖於岡山縣
細小葉片為魅力之處

津山檜被發現於岡山縣的津山地區，並由此地區的人們加以繁殖。和石化檜相較之下，津山檜的特徵是葉片細小且密集。此特性適合打造成盆栽，所以很快就廣傳至日本全國各地。在盆栽界中，和石化檜一樣都是非常受歡迎的樹木。

管理重點

放置場所 管理於日照充足、通風良好的場所。從12月左右開始，若放置於日照良好的地方，就能維持翠綠的葉片。

澆水 喜愛水分。用土表面乾燥後即可施灑大量水分。

肥料 喜愛肥料。施放固態肥料。

病蟲害 注意二斑葉蟎、天牛。二斑葉蟎可灑葉水防治。

移植 幼木約兩年一次，古木約三年一次。移植的適合時期為3～5月。

作業行事曆

	1月	2月	3月	4月	5月	6月	7月	8月	9月	10月	11月	12月
移植		■	■	■	■							
摘芽					■	■	■	■	■	■		
肥料				■	■	■			■	■		
纏線・拆線	■	■	■									■

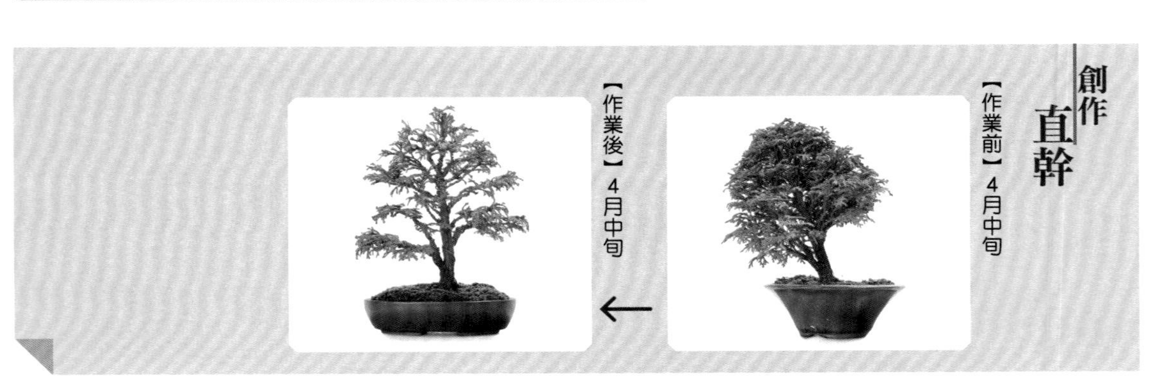

作業準備 4月中旬

1 準備大一個尺寸的缽盆，在缽盆與缽盆之間塞入報紙，將樹木固定成挺直的狀態。

POINT
將斜向種植的樹木移植成挺直的狀態。

修剪 4月中旬

1 用叉枝剪將重疊的枝條剪下。

2 修剪完成的狀態。

纏線・整枝 4月中旬

1 將每根枝條進行纏線和整枝。

2 纏線、整枝完成的狀態。

移植 4月中旬

1 將根系從缽盆中取出。

POINT
可以看出來根系環繞整個缽盆內。

2

用切根剪刀縱向修剪根系。

3

用理根器將根系由上往下鬆開。

4

疏根完成的狀態。

5

準備缽盆和用土。

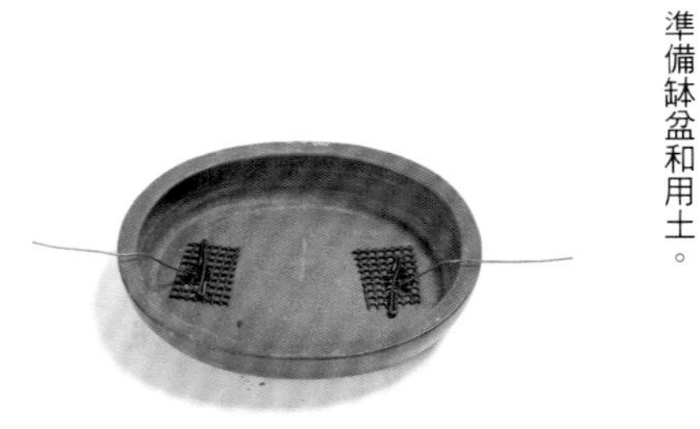

※用土＝在赤玉土（中顆粒）8：河砂2中，加入1成比例的竹炭。

6

用盛土器從上方倒入用土，再用鑷子（竹籤也可）往土裡戳，直到沒有空隙為止。

POINT

從上方倒入的用土不要混入竹炭。因為浸泡於水桶時竹炭會浮起。

※用土＝赤玉土（小顆粒）8：河砂2

7

移植完成，鋪好青苔的狀態。

POINT

摘芽方式和石化檜一樣（➡p.87），在6月中旬進行。

Juniperus rigida

杜松

檔案

別名：剛檜、崩松、棒兒松、軟葉杜松、木楕、香柏松
分類：柏科圓柏屬（常綠灌木）
樹形：直幹、模樣木、懸崖、合植、石附等

模樣木　上下9cm　中國缽

細針般的茂盛葉片 呈現出厚重的輪廓感

自生於日本全國的山上、丘陵甚至海岸。有如細針般的尖細葉片密集生長，呈現出俐落感。由於厚重感帶來的雄風氣韻，經常作為擺飾的主角。特徵是枝條容易枯竭，容易製作神枝及舍利幹。有如照片般葉片特性較細的植株，容易創作出小品盆栽。

管理重點

放置場所 管理於日照充足、通風良好的場所。耐炎熱，不耐嚴寒。

澆水 喜愛水分。用土表面乾燥後即可施灑大量水分。

肥料 施放固態肥料。在4月～秋季進行摘芽的期間，每月可施一次肥。

病蟲害 注意二斑葉蟎、紅蜘蛛、天牛。葉蟎類可灑葉水防治。

移植 幼木約兩年一次，古木約三年一次。移植的適合時期為3～4月。

作業行事曆

作業	1月	2月	3月	4月	5月	6月	7月	8月	9月	10月	11月	12月
移植			■	■								
摘芽 切芽				■	■	■	■	■	■			
肥料			■	■	■				■	■		
纏線・拆線	■	■									■	■

修剪 11月中旬

1

用鑷子將枯葉或是老葉（去年的葉子）摘除。

2

用修枝剪將多餘或向下伸展的枝條剪下。

POINT

這是為了創造出風翩樹形而進行的修剪方式。

3

修剪完成的狀態。

纏線・整枝 11月中旬

1

將每根枝條進行纏線和整枝。

2

纏線、整枝完成的狀態。

清洗神枝 11月中旬

1

用高水壓洗淨器清洗神枝。

2 神枝清洗完成，經過五個月後的狀態。

摘芽 4月下旬

1 用鑷子輕輕夾住新芽的基部，接著用手指摘除。

POINT
重複進行四至五次摘芽直到9月底為止。

切芽 6月上旬

1 葉芽生長的狀態。

2 用修枝剪將過長的葉芽從葉軸部分剪下。

POINT
這時候需注意不要剪到葉片。

3 切芽完成後的狀態。

MEMO

葉片性質的差異

就算同樣是杜松，也有葉片較細（左圖）及葉片較粗（右圖）的品系。

葉片較細的植株適合創作出小巧的盆栽，而葉片粗的類型則帶有粗獷感，適合用來創造神枝或舍利幹。

Osteomeles anthyllidifolia

磯山椒

檔案

別名：天皇梅
分類：薔薇科小石積屬（常綠灌木）
樹形：半懸崖、斜幹、模樣木等

開花期為5月中旬

半懸崖　上下20cm、左右30cm　均釉缽

有如山椒樹般的葉片 可愛的白花充滿魅力

自生於沖繩、鹿兒島及奄美的沿岸或珊瑚礁上。葉片形狀和山椒相似，因此而得其名。生長於溫暖地區卻耐寒冷，因此在本州只要放入保溫棚架中就能過冬。於2～3月進行進行剔葉，春天就能長出均勻的新芽。會開白色小花以及結出紅色的果實。

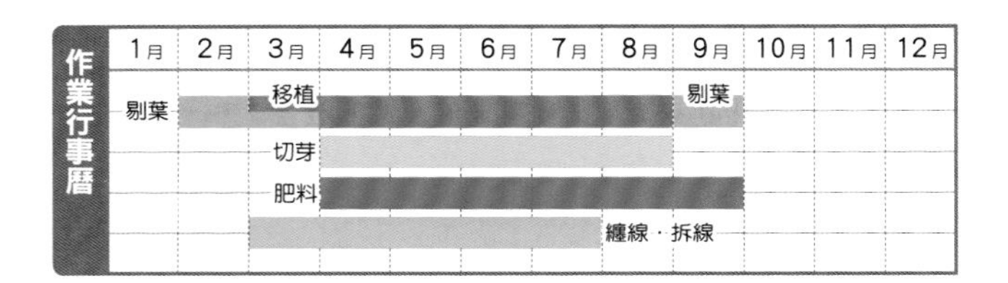

作業行事曆

作業	1月	2月	3月	4月	5月	6月	7月	8月	9月	10月	11月	12月
剔葉	剔葉	■	■						剔葉			
移植			移植	■	■	■	■	■				
切芽			切芽	■	■	■	■	■				
肥料			肥料	■	■	■	■	■	■			
纏線・拆線			■	■	■	■	■	纏線・拆線				

管理重點

放置場所　管理於日照充足、通風良好的場所。夏季避免西曬。冬季避免結霜和雪，應移至保溫設備中。

澆水　喜愛水分。尤其在夏季每天可澆二至三次的水。

肥料　施放固態肥料。

病蟲害　幾乎不用擔心病蟲害。

移植　兩年一次。最適合移植的時期為3～8月。

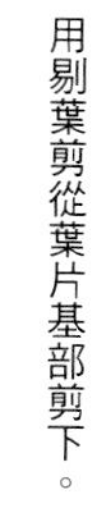

剔葉 3月上旬

1 用剔葉剪從葉片基部剪下。

POINT
由於上方的葉片生長勢較強，為了能使樹木長出整齊的新芽而進行剔葉。

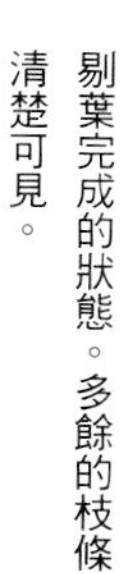

2 剔葉完成的狀態。多餘的枝條清楚可見。

修剪 3月上旬

1 用修枝剪將多餘的枝條修剪後的狀態。

POINT
於切口塗抹癒合促進劑。

2 修剪完成的狀態。

纏線・整枝 3月上旬

1 將每根枝條進行纏線和整枝。

2 纏線、整枝完成的狀態。

移植 3月上旬

1 用切根剪將過長的根系剪短。

2 用叉枝剪修剪主根。

3

根系修剪完成的狀態。

4

準備缽盆和用土。

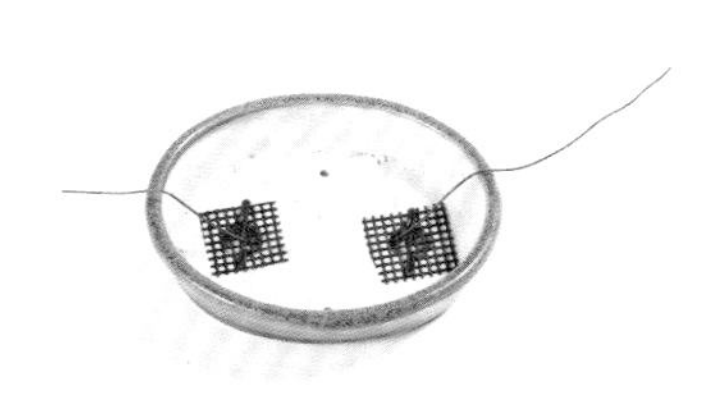

※用土＝赤玉土（中顆粒）8：河砂2，接著加入1成比例的竹炭。

5

用盛土器將用土放入缽底。再放入樹木，接著繼續往內倒入用土。

6

用竹籤插入土中（也可以用鑷子），減少土壤和根系間的空隙。

POINT

從上方倒入的用土不要混入竹炭。因為浸泡於水桶時竹炭會浮起。

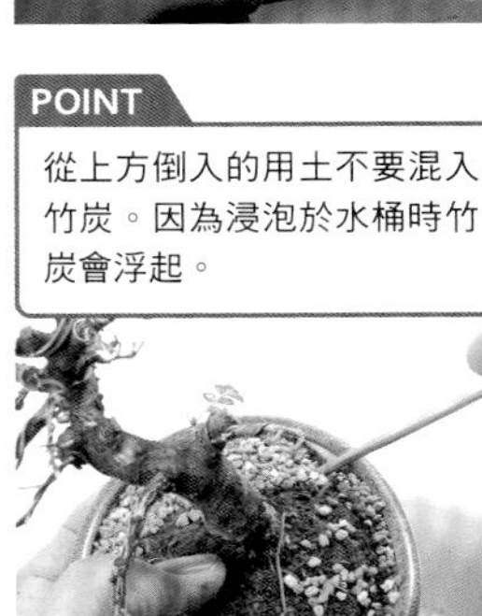

※用土＝赤玉土（小顆粒）8：河砂2

7

移植完成，鋪好青苔的狀態。

切芽 5月中旬

1

用修枝剪將長出的芽剪下。

纏線・整枝 6月中旬

1

於每根新梢進行纏線和整枝。

2

纏線、整枝完成的狀態。

株立　上下23cm　一蒼缽

Ginkgo biloba

銀杏

檔案

別名：公孫樹、鴨腳樹
分類：銀杏科銀杏屬（落葉喬木）
樹形：直幹、斜幹、合植等

欣賞「萌芽·綠葉·黃葉落葉」的變化樂趣

銀杏來自於中國，在日本的行道樹中占了將近一成。在4月下旬時，小巧的嫩葉姿態極為可愛，接著會繼續生長成普通大小的葉片。隨著季節轉變的綠葉、黃葉及落葉的枝條，也是魅力所在。生長勢強健，是新手也能簡單栽培的樹木。

管理重點

放置場所　管理於日照充足、通風良好的場所。夏季避免西曬。冬季應移至屋簷下。

澆水　注意夏季缺水。可在傍晚澆灑葉水。

肥料　施放固態肥料。

病蟲害　注意蓑衣蟲、黑斑病。

移植　幼木約兩年一次，古木約三年一次。移植的適合時期為3～4月。

作業行事曆

作業	1月	2月	3月	4月	5月	6月	7月	8月	9月	10月	11月	12月
移植			■	■								
摘芽				■	■							
肥料				■	■	■			■	■		
纏線・拆線		■	■		■							

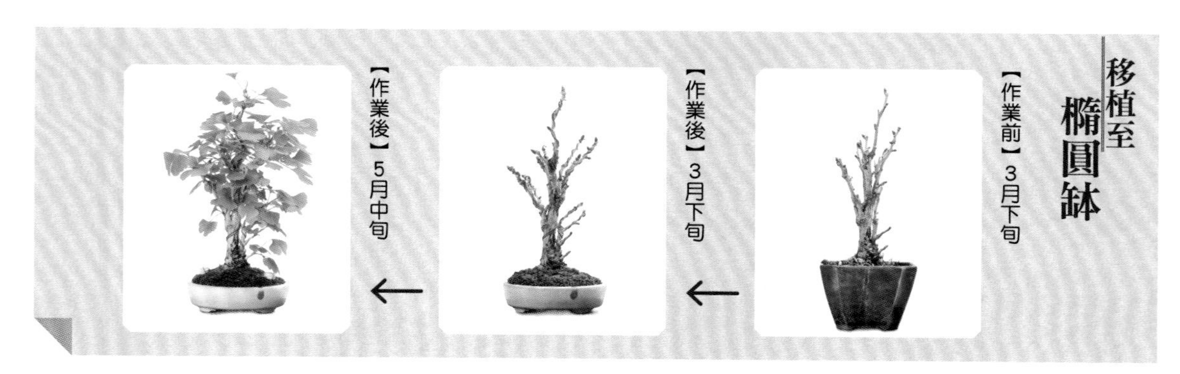
移植至橢圓缽

【作業前】3月下旬　←　【作業後】3月下旬　←　【作業後】5月中旬

修剪 3月下旬

1

若主幹有舊傷口時，可用叉枝剪將傷口斜剪。

2

用叉枝剪將多餘的重疊枝條剪下。

3

用抹刀（或是竹片）在樹幹的切口塗抹癒合促進劑。

纏線・整枝 3月下旬

1

將每根枝條進行纏線和整枝。

POINT

由於枝條呈現往內窄縮的狀態，因此可藉由整枝使枝條往外展開。

2

纏線、整枝完成的狀態。

移植 3月下旬

1

用理根器將根系從上往下鬆開，再用切根剪將過長的根系剪短。若有較粗的根系時，可用切根剪將其剪下。

POINT

較粗的根系在移植的時候會往上生長，因此一定要剪掉。

2 剪掉粗根的狀態。

3

根系修剪完成的狀態。

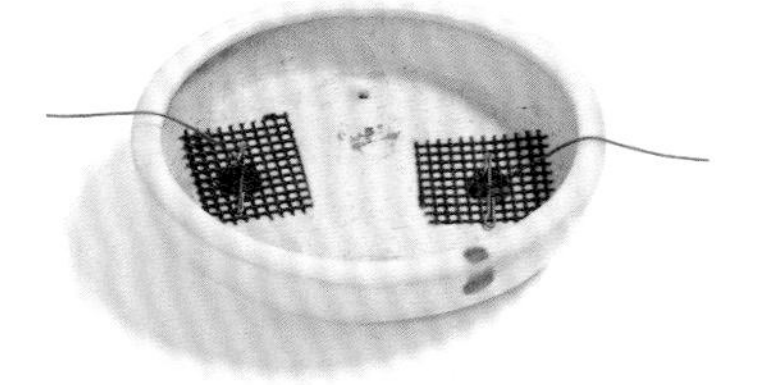

4 準備缽盆和用土。

※用土＝在赤玉土（中顆粒）8：河砂2中，加入1成比例的竹炭混合。

5 移植完成，鋪好青苔的狀態。

MEMO

分辨雄樹和雌樹的方法

下圖的銀杏是由實生苗栽培而成的盆栽葉片。只要觀察葉片形狀，就能分辨是雌樹或雄樹。

雄樹＝葉片中間的裂痕較深。
雌樹＝葉片的裂痕較淺，幾乎沒有裂痕。

Ligustru mobtusifolium

遼東水蠟樹

檔案

別名：水蠟樹
分類：為木犀科女貞屬（半落葉灌木）
樹形：斜幹、株立、模樣木、懸崖等

雙幹　上下17cm　東福寺橢圓缽

強健容易栽培
充滿了創作的樂趣

自生於日本全國各地的強健樹木。只要選擇荒皮性的品種，樹幹就能在較早的時期龜裂，呈現出古樹氛圍。纖細的枝條充滿魅力，經常進行剔葉可促進分枝。落葉後的寒樹在展示會中也很受歡迎。不論是白色小花的花房，或是紫黑色的果實都別有風趣。

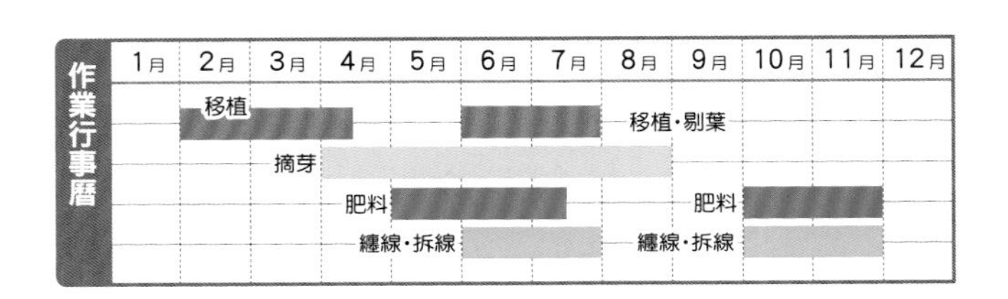

管理重點

放置場所 放置場所沒有特別受限。希望樹幹變粗可放置日照充足的位置，希望增加枝條數量則建議放置日陰處。

澆水 耐乾燥。生長狀況會根據澆水量而異。

肥料 施放固態肥料。

病蟲害 注意天牛及其幼蟲。

移植 約一年一次。移植的適合時期為2～4月中旬、6～7月。

修剪 6月上旬

1

用修枝剪將徒長的枝條剪下。

剔葉 6月上旬

1

用剔葉剪將大的葉片從基部剪下。

移植 6月上旬

1

使用理根器將根系從上往下鬆開。

2

用修枝剪將過長的根系剪短。

POINT

遼東水蠟樹的根部較細，所以不用切根剪也沒關係。

3

根系修剪完成的狀態。

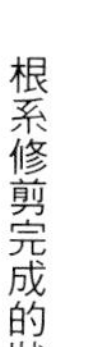

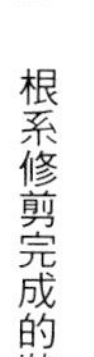
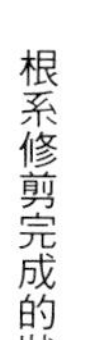
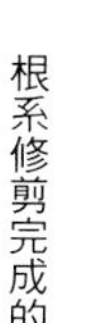
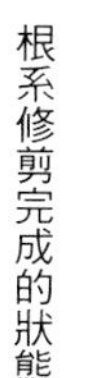

4

準備缽盆和用土。

※用土＝赤玉土（中顆粒）8：河砂2，
接著加入1成比例的竹炭混合。

5

用盛土器將用土放入缽底。放上樹木後，接著倒入用土。

6

移植完成的狀態。

Carpinus turczaninovii

岩四手

檔案

別名：鵝耳櫪、穗子榆
分類：樺木科鵝耳櫪屬（落葉小喬木）
樹形：株立、合植等

合植　上下19cm　屯洋缽

利用株立、合植等手法營造出雜木林的風情

自生於武藏野的雜木林。可藉由株立或合植方式，呈現出充滿風韻的盆栽。若製作成合植盆栽時，大約四到五年就能栽培出美麗且值得鑑賞的植株。可根據不同季節欣賞新芽、嫩葉、紅葉、落葉寒樹等變化。生長成古木後，樹幹會帶有條紋，散發出凜然威嚴的氣息。

管理重點

放置場所 管理於日照充足、通風良好的場所。夏季避免強烈的陽光，冬季應移至屋簷下。

澆水 應經常澆水。夏季要注意因缺水引起的葉燒（日燒）。

肥料 施放固態肥料。

病蟲害 注意蚜蟲、介殼蟲、捲葉蟲、白粉病。

移植 幼木約兩年一次，古木約三年一次。移植的適合時期為2～4月中旬。

作業行事曆	1月	2月	3月	4月	5月	6月	7月	8月	9月	10月	11月	12月
移植		■	■	■								
剔葉					■							
摘芽				■	■	■						
肥料				■	■	■			■	■		
纏線・拆線	■	■	■									■

修剪 3月下旬

1 用修枝剪將打亂樹流的枝條剪下。

POINT
接著可將直接從枝條基部長出的新芽，以及多餘的枝條剪下，使枝條更加清爽俐落。

2 修剪完成的狀態

纏線・整枝 3月下旬

1 將每根枝條進行纏線和整枝。

2 纏線、整枝完成的狀態。

移植 3月下旬

1 用切根剪將根系修剪。

2 根系修剪完成的狀態。

3

準備缽盆和用土。

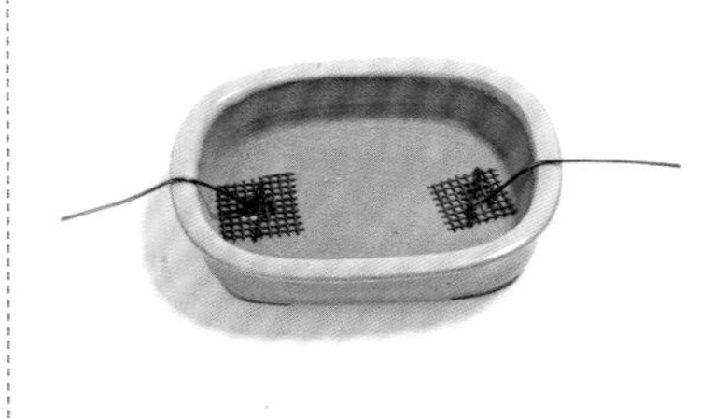

※用土＝在赤玉土（中顆粒）8：河砂2中，加入1成比例的竹炭混合。

4

移植完成，鋪好青苔的狀態。

摘芽 5月中旬

1

新芽生長的狀態。

2

用修枝剪將伸長的芽剪下。

摘芽 6月中旬

1

用修枝剪將伸長的芽剪下。

2

摘芽完成的狀態。

Styrax japonica

野茉莉

模樣木　高15cm　中國缽

檔案

別名：安息香、轆轤木
分類：安息香科安息香屬（落葉小喬木）
樹形：模樣木、斜幹、懸崖、文人木等

富有野趣的風情 白色小花也充滿魅力

自生於北海道至沖繩，遍及日本全國各地。有如雞蛋形般的果實外皮部分具有毒性，且帶有苦澀味，因此在日本被稱為「醶木※」。向下低垂的白色或淡桃紅色小花姿態可愛，雖然花朵也有鑑賞價值，不過在盆栽界中大多被當作雜木來栽培。充滿野趣的風韻為魅力所在。

※醶木：原文為「エゴノキ」，意指苦澀的樹木。

管理重點

放置場所 管理於日照充足、通風良好的場所。夏季避免西曬。

澆水 注意缺水。太過於乾燥會使葉片捲起。

肥料 施放固態肥料。

病蟲害 注意褐斑病、赤星病、白粉病、蚜蟲、天牛。

移植 約兩年一次。移植的適合時期為2～4月中旬。

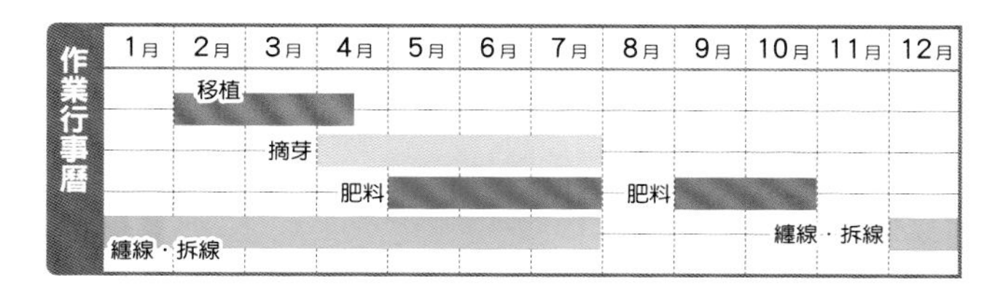

作業行事曆	1月	2月	3月	4月	5月	6月	7月	8月	9月	10月	11月	12月
移植		■	■	■								
摘芽				■	■	■	■					
肥料					■	■	■		■	■		
纏線・拆線	■	■	■	■	■	■	■					■

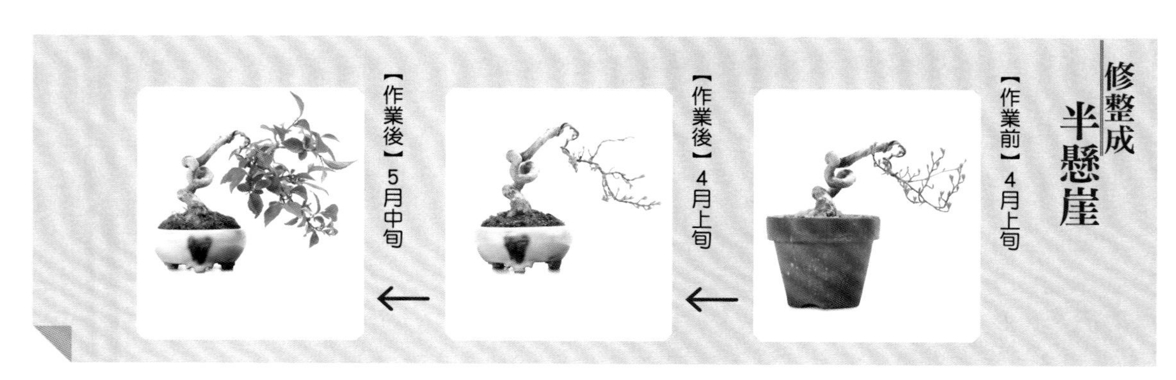

纏線・整枝 4月上旬

1

將每根枝條進行纏線和整枝。

2

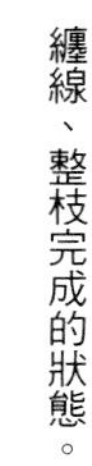

纏線、整枝完成的狀態。

移植 4月上旬

1

用切根剪將根系的上側剪下。

2

用切根剪從橫向修剪根系。

3

根系修剪完成的狀態。

4

準備缽盆和用土。

※用土＝赤玉土（中顆粒）8：河砂2

5

移植完成，鋪好青苔的狀態。

摘芽 5月中旬

1

新芽伸展的狀態。

2

用鑷子將伸長的芽摘下。

POINT
將生長點摘除，就能阻止新芽繼續生長。

纏線・整枝 5月中旬

1

將每根枝條進行纏線和整枝。

2

纏線、整枝完成的狀態。

Gardenia jasminoides

梔子

檔案

別名：山梔花、黃梔子、玉荷花、白蟾花
分類：茜草科　梔屬（常綠灌木）
樹形：株立、模樣木等

模樣木　高17cm　均釉撫角長方缽

細葉·圓葉·方葉
可以選擇葉片的形狀

擁有艷綠的葉片、純白的花、橘黃色的果實。單瓣花有細葉、圓葉、方葉三種不同的品系，而重瓣花雖然無法結果，美麗的花朵和香氣也非常迷人。剔葉後再移植，能促進新芽生長。植株強健容易栽培，短期間內就能栽培出美麗的盆栽樹形。

管理重點

放置場所　管理於日照充足、通風良好的場所。夏季應進行遮光以防止葉燒。冬季應移動到室內或屋簷下。

澆水　注意夏季缺水。

肥料　施肥過量會不容易結果實。不施肥也沒問題。

病蟲害　注意大透翅天蛾的幼蟲。

移植　約兩年一次。移植的適合時期為4～5月。

作業行事曆

作業	1月	2月	3月	4月	5月	6月	7月	8月	9月	10月	11月	12月
移植				●	●							
剔葉						●						
摘芽				●	●	●	●	●				
肥料				●	●	●	●		●	●		
纏線・拆線				●	●	●						

剔葉・修剪 4月上旬

1

用剔葉剪刀將葉子剪下，接著用修枝剪將多餘的枝條剪下。

POINT

剔葉是因為在修剪枝條時，若有葉子會干擾修剪。

纏線・整枝 4月上旬

1

將每根枝條進行纏線和整枝。

2

纏線、整枝完成的狀態。

移植 4月上旬

1

用切根剪從縱向修剪根系。

POINT

一開始先將纏繞的根系剪開，有助於鬆開根系。

2

先用理根器將根系從上往下鬆開。再用切根剪將過長的根系剪短。

3

根系修剪完成的狀態。

4

準備缽盆和用土。

※用土＝在赤玉土（中顆粒）8：河砂2中，加入1成比例的竹炭混合。

5

移植完成，鋪好青苔的狀態。

Zelkova serrata

櫸

檔案

別名：紅雞油、櫸榆、椎油、雞母樹、台灣鐵
分類：榆科櫸屬（常綠喬木）
樹形：掃立、株立、合植等

直幹　上下22cm　苔州缽

纖細的小巧枝條伸展 在雜木中最受歡迎的樹種

原產於日本，自生於日本全國的平地。直立的樹幹以及向天空展開生長的樹冠，呈現出茁壯大樹的氣息。隨著季節轉變的嫩葉、黃紅葉、寒樹，也很值得欣賞。只要經常重複進行摘芽和剔葉，就能使枝條末梢分枝，發揮出櫸樹的最大魅力。

管理重點

放置場所 管理於日照充足、通風良好的場所。若放置於日陰處會無法使枝條分枝。

澆水 每天澆灑充足的水分。

肥料 施放固態肥料。施肥過度會讓枝條伸展過長。

病蟲害 注意蚜蟲。可施灑殺菌殺蟲劑。

移植 幼木約兩年一次，古木約三年一次。移植的適合時期為2月中旬～4月中旬。

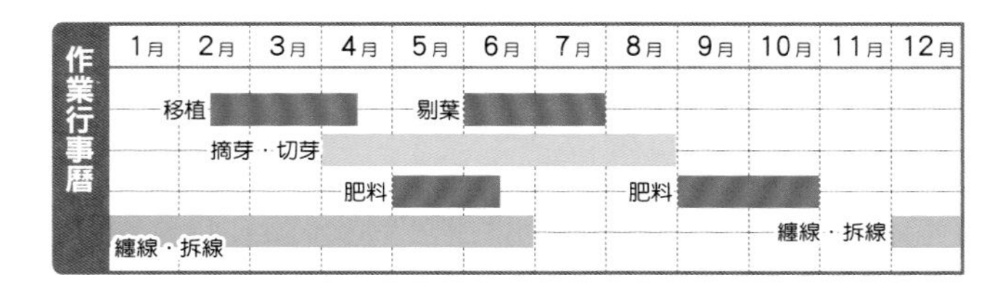

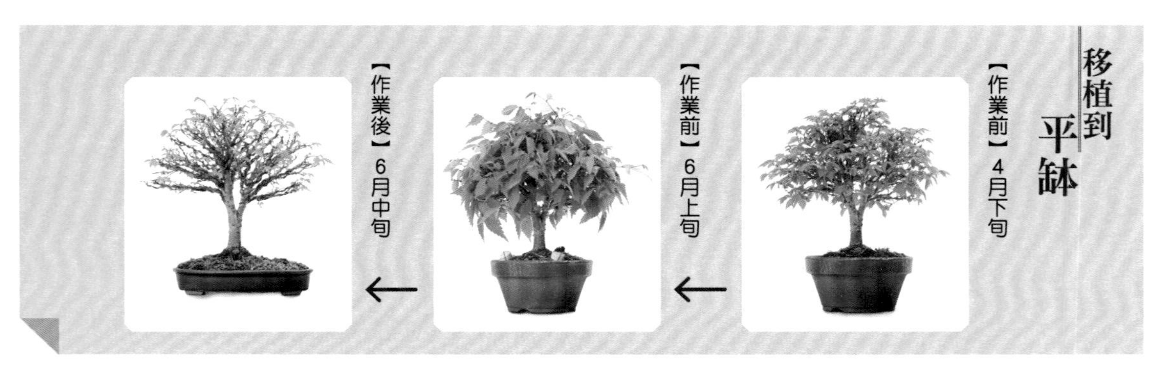

摘芽 4月下旬

1

用鑷子將伸長的葉芽摘除。

切芽 6月上旬

1

用修枝剪將徒長的芽剪下。

2

切芽完成的狀態。

MEMO

當新芽伸長後，應經常進行摘除

　　等到長出枝條再進行切芽，會使枝條變粗。新芽不會同時生長，所以可等新芽長出後，進行數次的摘芽（通常是兩到三次）。

　　新芽會先從比較強健的地方開始生長，而葉片量是由樹勢所決定。盆栽作業時的基本原則就是「均一性」。

　　另外，生長超過樹形輪廓的部分，也應隨時進行摘芽管理。

剔葉 6月上旬

1

用剔葉剪刀將葉片從基部剪下。

2

剔葉完成的狀態。

修剪 6月上旬

1

用修枝剪將較粗的枝條剪下。

2

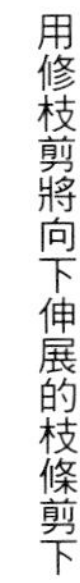

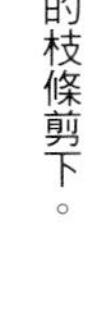

用修枝剪將向下伸展的枝條剪下。

3

用修枝剪將多餘的重疊枝條剪下。

4

修剪完成的狀態。

POINT

在栽培櫸樹盆栽時，會使每根枝條分岔成兩根。另外，樹幹也會使其分成兩根，其中一根較粗，另一根較細，是最為理想的樹形。

MEMO

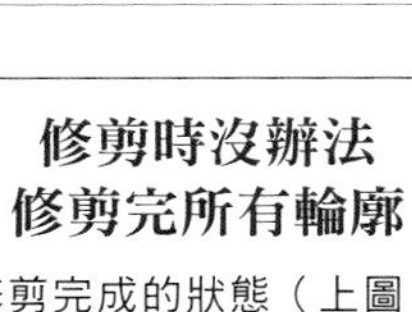

修剪時沒辦法修剪完所有輪廓

在修剪完成的狀態（上圖）下，右側枝條仍然往下垂，無法呈現出協調感。

接下來會以進行纏線為前提而進行修剪。

纏線・整枝 6月上旬

1 將每根枝條進行纏線和整枝。

POINT
纏線時，同時將枝條往下彎，能讓手指容易伸入枝條和枝條間。整枝的時候再將枝條往上調整即可。

2 纏線、整枝完成的狀態。

MEMO

最適合纏線的時期為初夏！

在剔葉後（初夏）纏線，比較容易塑造出理想中的樹形。原因是枝條含有水分，所以柔軟易彎曲。

另一方面，由於冬季的枝條乾燥，所以不適合纏線。盆栽作業最重要的就是時期。

移植 6月上旬

※原本應該在2月中旬至4月中旬移植，但是在剔葉之後移植也沒關係。

1 用鐵刷清理根盤。

POINT
整理土壤表面纏繞的根系，就能讓根盤露出。

2 根盤露出的狀態。

3 用修枝剪將根部表面的突角部分剪下。

POINT
由於根部很細，所以不用切根剪也沒關係。

4

用修枝剪將根系從橫向修剪。

5

用理根器將根系從上往下鬆開。

6

疏根完成的狀態。

7

準備缽盆和用土。

※用土＝在赤玉土（中顆粒）8：河砂2中，加入1成比例的竹炭混合。

8

用盛土器將土壤放入缽底，並使缽底中央稍微隆起。

POINT

目的是為了讓上部的根往橫長。

9

配合缽底的土，用修枝剪將根系底部修剪成一個凹洞。

10 放入樹木，接著繼續倒入用土。

POINT
從上方倒入的用土不要混入竹炭。因為浸泡於水桶時竹炭會浮起。

※用土＝赤玉土（小顆粒）8：河砂2。

11 用鑷子插入土中（也可以用竹籤），減少土壤和根系間的空隙。

12 移植完成，鋪好青苔的狀態。

摘芽 6月中旬

1 新芽伸展的狀態。

2 用鑷子將新芽摘除。

3 摘芽完成的狀態。

4月下旬
開花

6月中旬開始結果實

半懸崖　上下18cm　左右33cm　日本缽

Quercus serrata

枹櫟

檔案

別名：枹樹
分類：殼斗科櫟屬（落葉喬木）
樹形：模樣木、株立、懸崖、合植等

充滿野趣的懷舊風情

自生於日本全國的山野，是強健容易栽培的樹木。在庭園或公園中也經常可見到其蹤影。雖然是令人熟悉的橡櫟果實，卻很少有人會栽培於盆栽中。能根據不同季節欣賞新芽、綠葉、黃紅葉的變化。也可以在公園將橡果撿回家開始栽培。

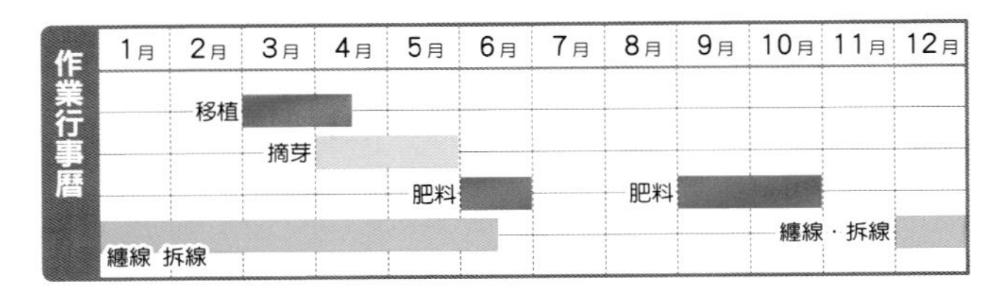

管理重點

放置場所 管理於日照充足、通風良好的場所。夏季避免強烈陽光，冬季應移至屋簷下。

澆水 用土表面乾燥後，澆灑大量的水分。

肥料 施放固態肥料。

病蟲害 注意黑斑病。

移植 每年一次。移植的適合時期為3月～4月中旬。需剪下較粗的主根，留下細根。

修剪 4月上旬

1 用叉枝剪將殘留的枝條從基部剪下。

纏線・整枝 4月上旬

1 將每根枝條進行纏線和整枝。

2 用抹刀（或是竹片）在枝條的切口塗抹癒合促進劑。

3 纏線、整枝完成的狀態。

移植 4月上旬

1 有時候會長出主根。

2 用叉枝剪將主根從接近根基部的部位切除。

3

用叉枝剪將往上生長的根系剪下。

4

用理根器將根系從上往下鬆開，再用切根剪將過長的根系剪短後的狀態。

5

準備缽盆和用土。

※用土＝赤玉土（中顆粒）8：河砂2

6

從上方倒入用土，再用鐵棒（或是鑷子）插入土中，減少土壤和根系間的空隙。

※用土＝赤玉土（小顆粒）8：河砂2

7

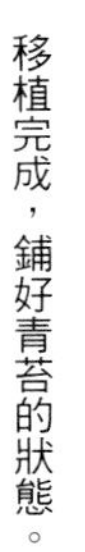

移植完成，鋪好青苔的狀態。

拆線 6月中旬

1

於春天（4月上旬）將金屬線拆掉。

POINT

由於枹櫟生長迅速，所以金屬線很快就會陷入樹皮中。

Lagerstroemia indica

紫薇

檔案

別名：百日紅、猴滑樹
分類：千屈菜科紫薇屬（落葉小喬木）
樹形：斜幹、模樣木等

模樣木　上下19cm　草元缽

小巧枝條纖細地伸展
光滑的樹幹紋理是魅力所在

紫薇原產於中國。由於樹幹光滑且帶有光澤，因此又名「猴滑樹」，在花朵較少的盛夏中仍能「持續盛開紅花一百天」，所以也有「百日紅」之別名。纖細枝條的伸展樣貌和獨特的樹皮，是此樹木的觀賞特徵。增加施肥量並且進行切芽，就能促進細小枝條分枝。是屬於強健而且容易栽培的樹木。

管理重點

放置場所　管理於日照充足、通風良好的場所。冬季應移至室內或屋簷下。

澆水　喜愛水分。在5～6月生長花芽的時期，可減少澆水量。

肥料　施放固態肥料。

病蟲害　注意蚜蟲、黑斑病。

移植　每年一次。移植的適合時期為3～4月。

作業行事曆

作業	1月	2月	3月	4月	5月	6月	7月	8月	9月	10月	11月	12月
移植			■	■								
剔葉						■	■					
切芽				■	■	■	■					
肥料					■	■	■	■	■			
纏線・拆線				■	■	■	■	■	■	■		

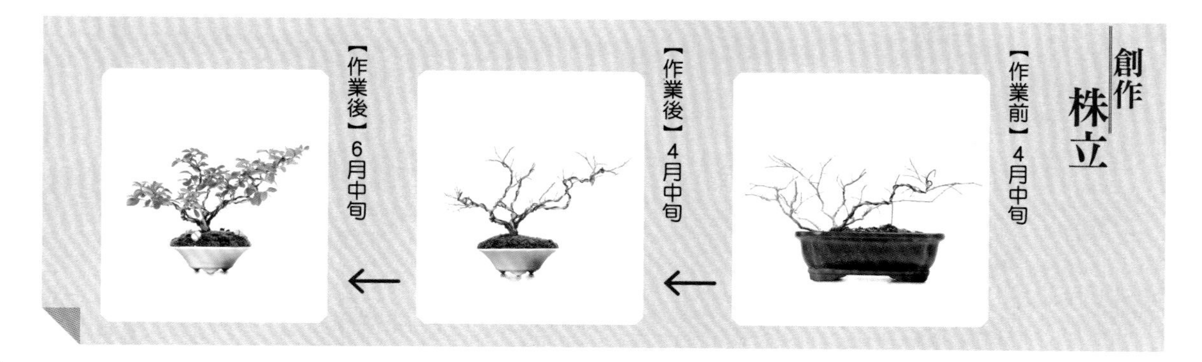

纏線・整枝

4月中旬

1 將每根枝條進行纏線和整枝。

2 纏線、整枝完成的狀態。

移植

4月中旬

1 用理根器從上往下鬆開根系。

※這棵植株是一或二年前扦插而來，所以根部較細。

2 用切根剪將較長的根系剪短。

3 用金屬線纏繞並固定最上方的根基部。

4 將金屬線以螺旋狀往下纏繞，將分散的根系集中。

5

用金屬線束起根系的狀態。

6

準備缽盆和用土。

※用土＝赤玉土（中顆粒）8：河砂2

7

將金屬線纏繞於根基，固定樹木。

8

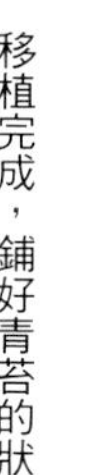

移植完成，鋪好青苔的狀態。

修剪 6月上旬

1

枝條伸展的狀態。

2

用修枝剪將枯萎的枝條剪下。

切芽 6月上旬

1 用修枝剪將徒長的新芽剪下。

POINT 留下兩片新葉，其餘修除。

2 切芽完成的狀態。

切芽 6月中旬

1 新芽伸展的狀態。

2 用修枝剪將徒長的新芽剪下。

POINT 留下兩片新葉，其餘修除。

纏線・整枝 6月中旬

1 將每根新梢條進行纏線和整枝。

2 纏線、整枝完成的狀態。

POINT 會在8月底開花。

Trachelospermum asiaticumcv. 'chirimen'

縮緬葛

斜幹　上下9cm　慶心缽

檔案

別名：定家葛
分類：夾竹桃科絡石屬（藤蔓性半落葉灌木）
樹形：模樣木、懸崖、雙幹、株立、石附等

藤蔓性的強健樹種 艷麗的小巧葉片充滿魅力

因為嬌小的葉片而被稱為「縮緬」，是藤蔓性的強健樹種。屬於半落葉性，就算到了紅葉的季節，也會保留部分的綠葉。紅葉和綠葉混雜的姿態，擁有獨特的魅力。若移植到小缽盆內，葉片會逐漸小型化，呈現出纖細美麗的外觀。葉片轉紅時期較早，僅次於木蠟樹。

管理重點

放置場所　管理於日照充足、通風良好的場所。若移植到較小的缽盆時，應放置於半日照場所。

澆水　澆灑大量的水分。夏季早晚大量澆水，冬季可減少澆水量。

肥料　喜愛肥料。生長期可每月施一次肥。

病蟲害　注意蚜蟲。受傷後恢復較緩慢。

移植　兩年一次。最適合移植的時期為4～5月。若根系較密集時，枝葉也會比較茂密，不容易長出徒長枝條。

作業行事曆

1月	2月	3月	4月	5月	6月	7月	8月	9月	10月	11月	12月
		移植	■	■							
		切芽	■	■	■	■					
	肥料	■	■	■	■	■	肥料	■	■	■	
		■	■	■	■	■	纏線・拆線				

移植 5月中旬

1

用切根剪以縱向剪開根系。

2

用理根器從上往下鬆開根系。

3

用切根剪修剪根系側面。

4

準備缽盆和用土。

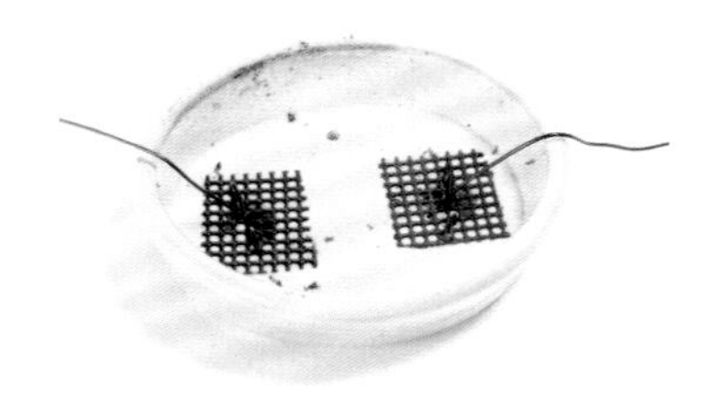

※用土＝赤玉土（中顆粒）8：河砂2

5

用盛土器將用土放入缽底。接著放入樹木，再倒入用土。

※用土＝赤玉土（小顆粒）8：河砂2

6

用鑷子（或是竹籤）插入土中，減少土壤和根系間的空隙。

7

移植完成，鋪好青苔的狀態。

切芽 6月上旬

1

新芽伸展的狀態。

2

用修枝剪將徒長的新芽剪下。

POINT

蔓性植物生長較快，所以可增加切芽的次數。

3

切芽完成的狀態。

施肥 6月上旬

1

將四顆有機肥料用金屬線均勻固定於鉢盆邊緣。

2

施肥完成的狀態。

POINT

如果施肥過量會無法轉變成紅葉。

Acer buergerianum

三角楓

檔案

別名：唐楓、三角槭
分類：槭樹科槭屬（落葉喬木）
樹形：斜幹、模樣木、株立、合植、石附等

模樣木　高17㎝　一陽缽

藉由摘芽和剔葉打造出纖細枝條的風貌

原產於中國和台灣。可根據不同季節欣賞新綠、紅葉及落葉寒樹的變化。樹木強健，耐強剪，可當作新手的練習樹種。若想栽培出纖細分岔的枝條末梢，祕訣就在於重複進行摘芽和剔葉。當樹木長成古木時，樹皮會剝落成斑紋狀。

管理重點

放置場所　管理於日照充足、通風良好的場所。夏季進行遮光防止日燒，冬天應移到屋簷下。

澆水　表面用土乾燥後，再澆灑大量的水分。可於夏季傍晚澆灑葉水。

肥料　施放固態肥料。施肥過量容易引起徒長，可視情況施肥。

病蟲害　注意星天牛、蚜蟲、介殼蟲、白粉病。

移植　兩年一次。最適合移植的時期為2～3月。

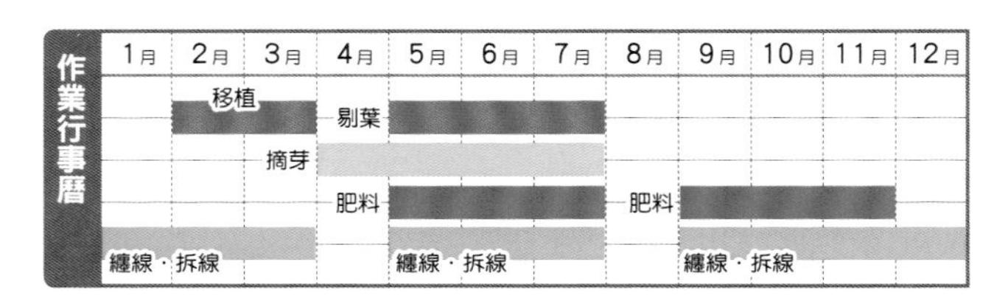

作業行事曆

	1月	2月	3月	4月	5月	6月	7月	8月	9月	10月	11月	12月
移植		■	■									
剔葉					■	■	■					
摘芽				■	■	■	■					
肥料					■	■	■		■	■	■	
纏線・拆線	■	■	■		■	■	■		■	■	■	■

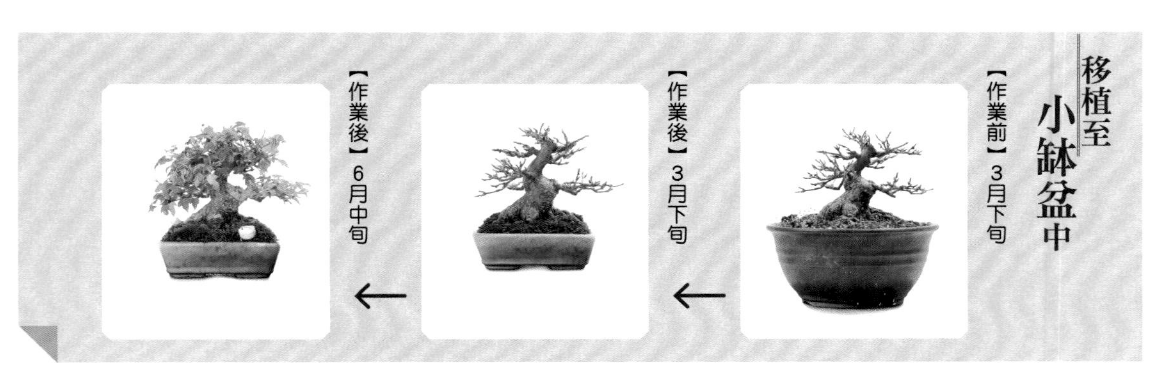

移植 3月下旬

1

由於植株原本是種植於於大缽盆中，所以需減少根系的量。

POINT
減少根量弱化生長勢，作為盆栽管理較容易。

2

用理根器從上往下鬆開根系。

3

用切根剪修剪較長的根系。

4

根系修剪完成的狀態。

洗根

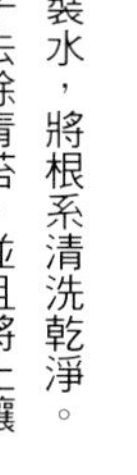

5

水桶裝水，將根系清洗乾淨。用鑷子去除青苔，並且將土壤去除。

修剪根盤

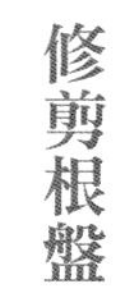

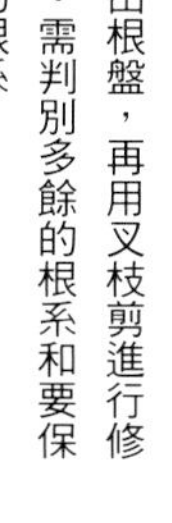

6

找出根盤，再用叉枝剪進行修剪。需判別多餘的根系和要保留的根系。

7

根盤修剪完成的狀態。

調整根系

8

如果有往上長的根系，可纏線使根系往下。

修除較粗的根系

9

用叉枝剪將較粗的根系剪下。

10

較粗根系修剪完成的狀態。

11

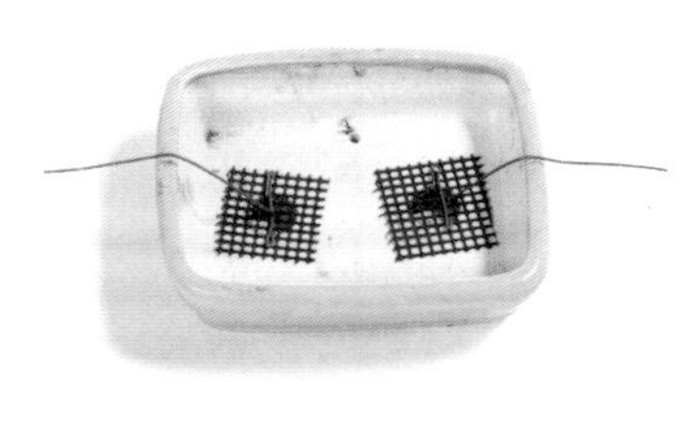

準備缽盆和用土。

※用土＝在赤玉土（中顆粒）8：河砂2中，加入1成比例的竹炭混合。

12

移植完成，鋪好青苔的狀態。

摘芽 5月中旬

1

用修枝剪將徒長的新芽剪下。

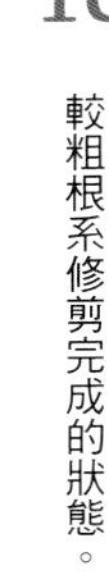

剔葉 6月中旬

1

葉片長大的狀態。

2

POINT

將葉片的量減少至2/3的量。

用剔葉剪刀從葉片基部剪下。

3

剔葉完成的狀態。

Ulmus parvifolia

榔榆

檔案

別名：小葉榆、秋榆、紅雞油、鐵樹、脫皮榆、豹皮榆
分類：榆樹科榆屬（落葉喬木）
樹形：雙幹、模樣木等

斜幹　上下12cm　土交缽

短期間內就能打造出古木感適合新手栽培

自生於日本本州中部以西。可根據季節欣賞黃綠色的新芽、黃葉、寒樹等不同變化。樹幹很快就能變粗，也容易分枝，短期間內就能栽培出古木感。只要經常重複進行切芽，便能促進小枝條分枝。新手也能輕鬆栽培，是能容易創造出小品盆栽的樹木。

管理重點

放置場所 於日照充足或半日照的場所都能生長。夏季注意日燒。

澆水 若希望樹幹加粗，可澆灑大量的水分。可藉由澆水量調整生長速度。

肥料 增加施肥的次數。肥料不足可能會引起枝條枯萎。

病蟲害 注意蚜蟲、天牛的幼蟲及成蟲。

移植 容易纏根。每年一次。移植的適合時期為3～4月。

作業行事曆

作業	1月	2月	3月	4月	5月	6月	7月	8月	9月	10月	11月	12月
移植			■	■								
摘芽・切芽				■	■	■	■	■	■			
肥料						■	■		■	■	■	
纏線・拆線			■	■	■							

修剪 3月上旬

1

修除多餘的枝條。

POINT

用抹刀（或是竹片）在切口塗抹癒合促進劑。

2

修剪完成的狀態。

移植 3月上旬

1

使用理根器將根系從上往下鬆開。

2

用切根剪將過長的根系剪短。

3

根系修剪完成的狀態。

4

準備缽盆和用土。

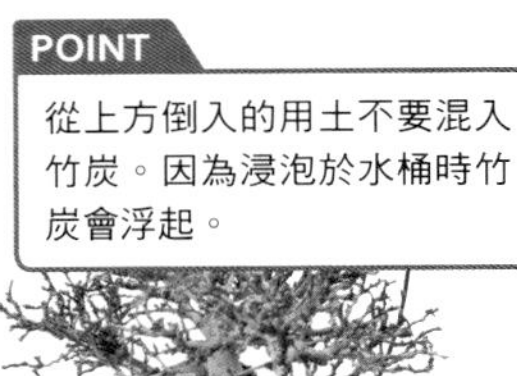

※用土＝在赤玉土（中顆粒）8：河砂2中，加入1成比例的竹炭混合。

5

用盛土器將用土放入缽底。放入樹木，接著繼續倒入用土。

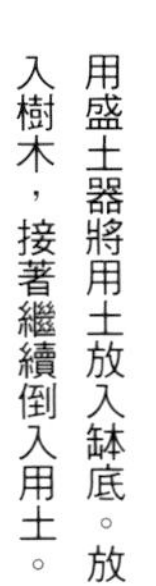

POINT

從上方倒入的用土不要混入竹炭。因為浸泡於水桶時竹炭會浮起。

※用土＝赤玉土（小顆粒）8：河砂2

6

用竹籤插入土中（也可以用鑷子），減少土壤和根系間的空隙。

7

移植完成，鋪好青苔的狀態。

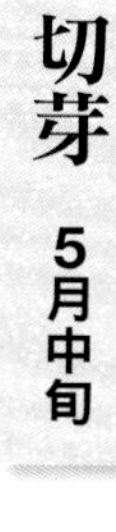

切芽 5月中旬

1

新芽長出的狀態。

2

用修枝剪將過長的新芽剪下。

切芽 6月中旬

1

新芽長出的狀態。

2

用修枝剪將過長的新芽剪下。

3

切芽完成的狀態。

Toxicodendron succedaneum

木蠟樹

檔案

別名：山漆、山賊仔、野漆
分類：漆樹科漆樹屬（落葉小喬木）
樹形：合植、模樣木、文人木、石附等

合植　上下25cm　壽悅缽

豔紅的紅葉是魅力所在 要注意樹液引起的皮膚發炎！

自生於關西以西的山野。紅葉時會呈現出翠綠至紅色的美麗漸層，令人印象深刻。樹幹挺直，幾乎不會分枝，因此適合創作成合植盆栽。樹勢強健，不耐乾燥，需要經常澆水。作業時應戴手套，注意樹液引起皮膚發炎。

管理重點

放置場所 管理於日照充足、通風良好的場所。放置於日陰處容易徒長。

澆水 注意避免乾燥。澆水量和次數會根據所創作方式而異。

肥料 施放固態肥料。施肥過量會使紅葉的轉紅狀況變差。

病蟲害 注意蚜蟲，可噴灑殺菌殺蟲劑防治。

移植 每年一次。合植時容易纏根。移植的適合時期為3月。

作業行事曆

作業	1月	2月	3月	4月	5月	6月	7月	8月	9月	10月	11月	12月
移植			移植									
剔葉						剔葉	剔葉					
肥料					肥料	肥料						
纏線・拆線			纏線・拆線	纏線・拆線								

換盆 4月上旬

1 用理根器將根系從上往下鬆開。

2 用電動噴霧器清洗根部。

POINT
沒有電動噴霧器時，可將水管捏成較細的噴霧後再清洗。

MEMO

戴上手套防止接觸性皮膚炎

木蠟樹屬於漆樹類，若碰觸到樹液會引起皮膚發炎。尤其在修剪樹幹、枝條或根系時會使樹液流出，要特別注意！

作業時務必要戴上服貼型的薄手套。

3 根系清洗完成的狀態。

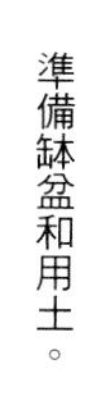

4 準備缽盆和用土。

※用土＝赤玉土（中顆粒）8：河砂2

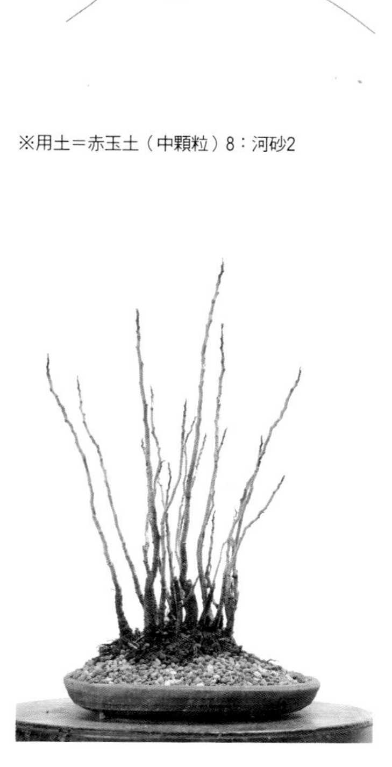

5 移植完成的狀態。

修剪 4月上旬

1

用修枝剪將多餘的細樹幹剪下。

2

修剪完成的狀態。

纏線・整枝 4月上旬

1

於每根枝條上纏線，進行整枝。

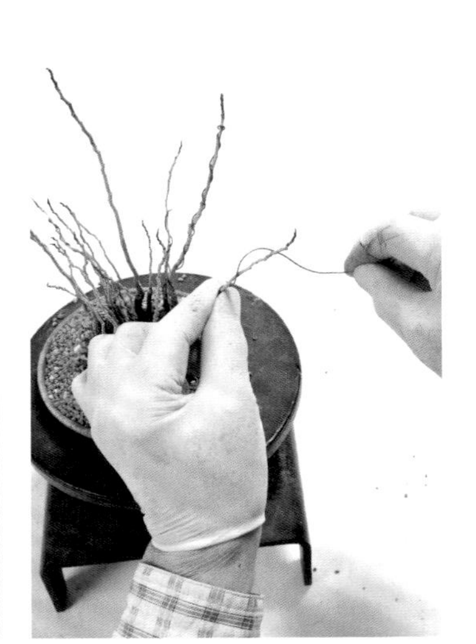

2

纏線及整枝完成的狀態。

3

移植完成，鋪好青苔的狀態。

5月中旬

4

長出新芽。

Stewartia monadelpha

姬沙羅

檔案

別名：—
分類：山茶科折柄茶屬（落葉喬木）
樹形：斜幹、模様木、合植、株立等

合植　高14cm　服部缽

從淡黃色至紅褐色！經年變化的樹皮紋理

姬沙羅為高山性的樹木。比夏山茶（夏沙羅）更小，是適合當作盆栽的樹種。打造成合植盆栽時，大約只要三年就能呈現出雜木林的風韻。樹幹紋理具有特色，較年輕的樹木為淡黃色，古木會逐漸變化成紅褐色。可隨著季節欣賞新綠、有如山茶般的小白花及紅葉變化。

作業行事曆

	1月	2月	3月	4月	5月	6月	7月	8月	9月	10月	11月	12月
移植		■	■	■								
剔葉						■	■					
切芽				■	■	■	■					
肥料					■	■			■	■		
纏線・拆線		■	■	■	■	■						

管理重點

放置場所　管理於半日照～日陰處。夏季進行遮光，冬季應移至日照良好的屋簷下。

澆水　用土表面乾燥後澆灑大量水分。注意澆水過量容易引起徒長。

肥料　施放固態肥料。施肥過量會使樹皮粗糙剝落。

病蟲害　注意介殼蟲，可藉由促進通風預防。

移植　每兩到三年一次。移植的適合時期為2月中旬～4月中旬。

創作 合植盆栽

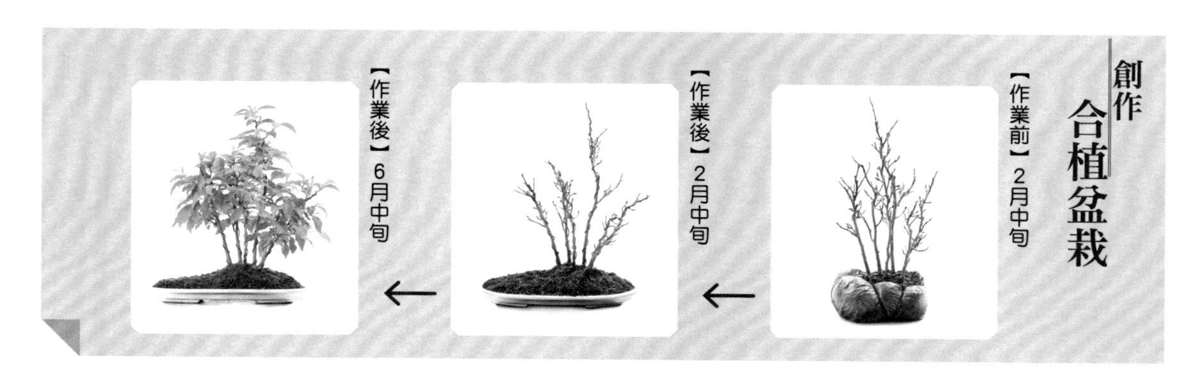

修剪 2月中旬

1 用修枝剪將去年修剪的部分再次剪短，讓整體更俐落乾淨。

纏線・整枝 2月中旬

1 於每根枝條上纏線，進行整枝。

POINT
彎曲每根樹幹的同時，也要檢視整體的平衡感。

2 使每根樹幹伸展開來，進行整枝。

3 纏線及整枝完成的狀態。

移植 2月中旬

1 準備缽盆。

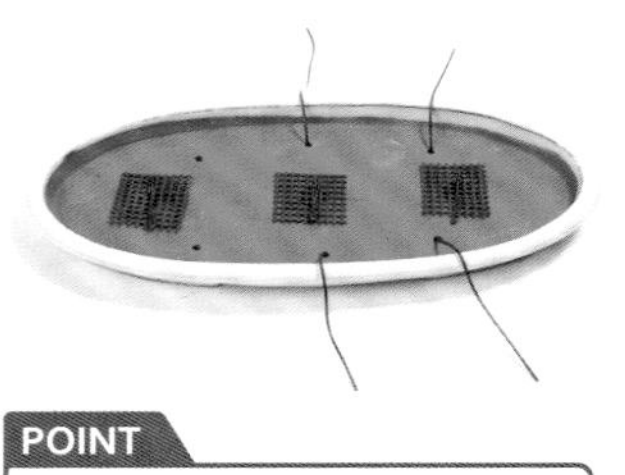

POINT
準備種植在偏右邊的位置，因此左邊的缽孔不需要穿過金屬線。

2 用理根器將根系鬆開，再用切根剪將根系橫向修剪。

3 用盛土器將用土放入缽底，並將樹木栽種於偏向右側的位置。

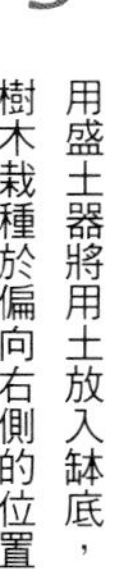

※用土＝赤玉土（中顆粒）

4 用鉗子將兩處的金屬線分別鎖緊，固定樹木。

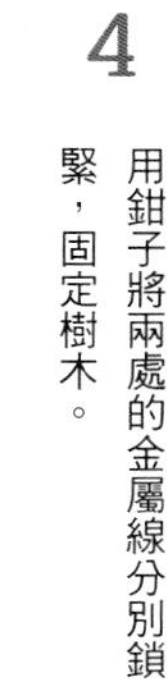

※用土＝赤玉土（小顆粒）

5

從上方倒入用土，再用鑷子插入土中（也可以用竹籤），減少土壤和根系間的空隙。

6

用電池式的噴霧器噴灑霧水。

覆蓋水苔後，再鋪上青苔 2月中旬

1

將泡過水的水苔用手稍微擰乾水分，再用切根剪剪成小段。

2

用鑷子夾起水苔鋪在用土上。

3

用手指輕壓水苔。

4

一邊噴灑霧水，一邊用手指按壓，使水苔貼合用土。

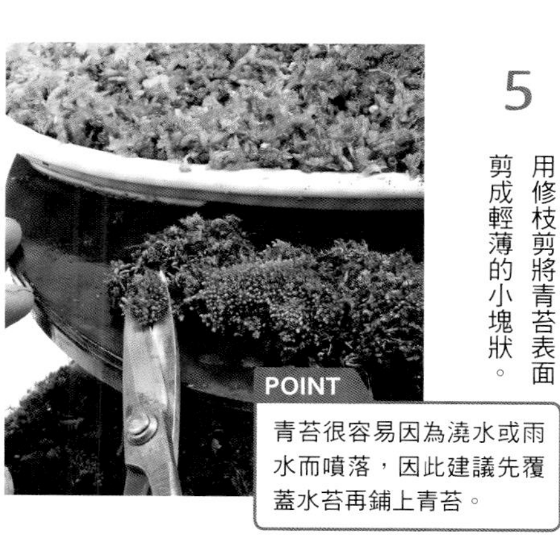

5

用修枝剪將青苔表面剪成輕薄的小塊狀。

POINT

青苔很容易因為澆水或雨水而噴落，因此建議先覆蓋水苔再鋪上青苔。

6

用修枝剪夾起青苔，鋪在水苔上。

7

用手指輕壓青苔，使其附著於土壤上。

8

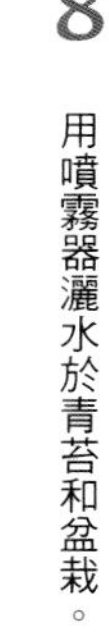

用噴霧器灑水於青苔和盆栽。

POINT

噴霧除了能清洗青苔、幫助附著於土壤之外，也能清除缽盆上的髒污。

9

鋪完青苔的狀態。

切芽 5月中旬

1

新芽長出的狀態。

2

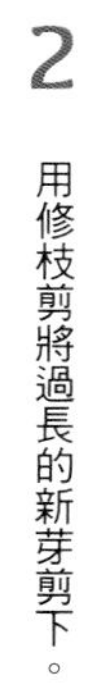

用修枝剪將過長的新芽剪下。

3

切芽完成的狀態。

切芽 6月中旬

1

用修枝剪將過長的新芽剪下。

2

切芽完成的狀態。

Fagus crenata

山毛櫸

檔案

別名：日本山毛櫸、日本水青岡
分類：山毛櫸科水青岡屬（落葉喬木）
樹形：直幹、斜幹、模樣木、株立、合植等

合植　上下23cm　服部缽

潔白光澤的樹皮！會變色的葉片充滿魅力

自生於日本全國的山地。屬於高山系的樹木。在長出新芽之前，會一直保留著枯萎的葉片，所以在日本又有「讓葉」之稱。樹齡愈高，潔白且帶有光澤的樹皮就愈迷人。葉片顏色從綠色轉變至黃色、橘色、茶色的變化也是魅力之處。樹幹很快就能變粗，因此在短期間內便能打造出直幹、模樣木等盆栽造型。

管理重點

放置場所 管理於日照充足、通風良好的場所。夏季用寒冷紗遮光，冬季應移至屋簷下。

澆水 喜愛水分。夏季注意缺水，可於傍晚澆灑葉水。

肥料 施放固態肥料。施肥過量會使樹形雜亂。

病蟲害 注意蚜蟲、天牛。

移植 兩年一次。最適合的移植時期為3～4月。

作業行事曆

作業	1月	2月	3月	4月	5月	6月	7月	8月	9月	10月	11月	12月
移植			●	●								
剔葉						●	●					
摘芽				●	●							
肥料					●	●			●	●		
纏線・拆線	●	●	●	●	●	●						●

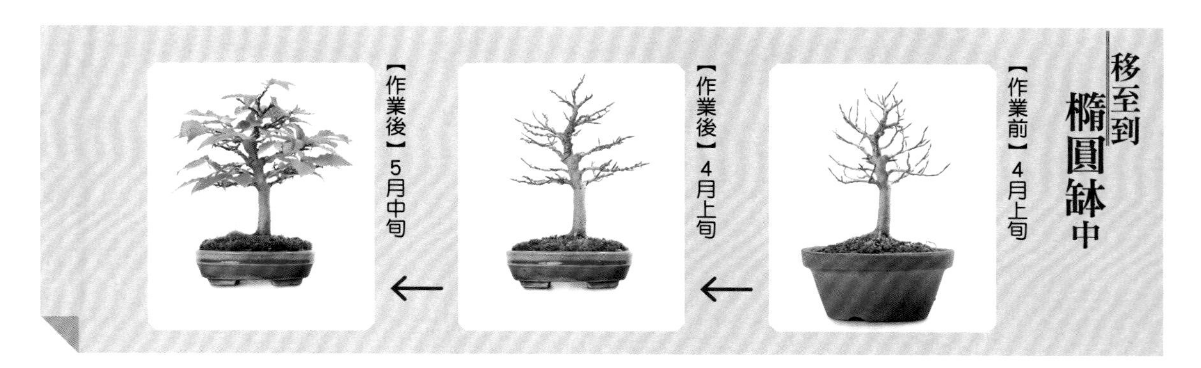

修剪 4月上旬

1

用鑷子夾除從枝條基部長出的側芽。

POINT

若放任枝條基部的側芽生長，會使此處逐漸加粗，因此要儘早摘除。

纏線・整枝 4月上旬

1

於每根枝條上纏線，進行整枝。

2

纏線及整枝完成的狀態。

移植 4月上旬

1

用理根器從上往下將根系鬆開，再用切根剪將過長的根系剪短。

2

準備缽盆和用土。

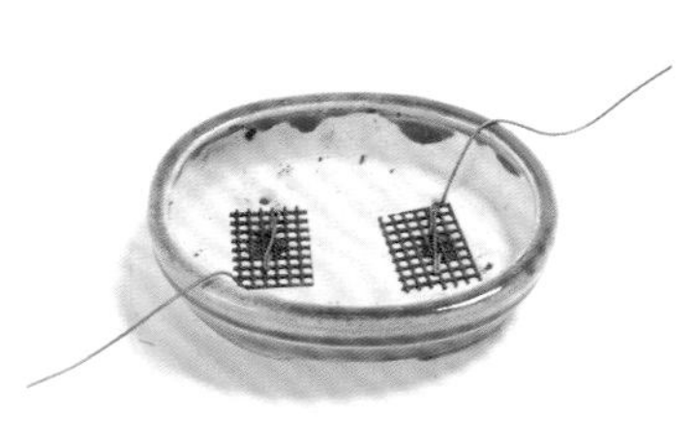

※用土＝赤玉土（中顆粒）8：河砂2

3

移植完成，鋪好青苔的狀態。

山槭　模樣木　上下18cm　黃均釉丸缽

Acer palmatum

槭樹

檔案

別名：日本槭樹、雞爪楓、掌葉楓、掌葉槭
分類：槭樹科槭屬（落葉喬木．落葉灌木）
樹形：模樣木、株立、懸崖、合植、石附等

鑑賞葉片樹種的代表
四季都有各自精彩之處

在盆栽界中，葉片五裂以上的稱之為「槭」，淺淺分成三裂的則稱為「楓」。其中經常打造成盆栽的山槭，樹勢強健且創作容易。可根據不同季節欣賞新芽、綠葉、紅葉、寒樹等豐富變化。園藝品種多元，葉形纖細，垂枝型的品種也很受歡迎。

青垂枝槭　半懸崖
上下26cm　左右38cm　紫勝缽

管理重點

放置場所　管理於日照充足、通風良好的場所。夏季用寒冷紗遮光，冬季移至日照充足的屋簷下。

澆水　用土表面乾燥後，再澆灑大量水分。夏季注意缺水，可於傍晚澆灑葉水。

肥料　施放固態肥料。注意施肥過量會使枝條過粗。

病蟲害　注意蚜蟲、白粉病。可進行疏葉和疏枝，促進通風。

移植　兩到三年一次。移植的適合時期為2～3月。

作業行事曆

作業	1月	2月	3月	4月	5月	6月	7月	8月	9月	10月	11月	12月
移植		■	■									
剔葉						■						
摘芽．切芽				■	■							
肥料					■					■		
纏線．拆線		■	■	■	■	■	■					

修整樹形

【作業前】4月中旬

【作業後】4月中旬

摘芽 4月中旬

1 用鑷子將伸長的新芽摘除。

POINT
將此枝條當作「利枝※」。準備纏線至枝梢，加以活用的枝條。

2 太小的芽也用鑷子摘除。

纏線・整枝 4月中旬

1 於每根枝條上纏線，進行整枝。

POINT
趁著還是新葉的狀態纏線。枝條挺直，因此需將其彎曲打造弧度。

2 纏線及整枝完成的狀態。

POINT
如果又長出新芽時，再重複進行摘芽、纏線和整枝作業，在春天約反覆進行三至四次。

※利枝：和諧順無關，在整體盆栽中當作重點的枝條。

創作 斜幹

【作業前】4月下旬

【作業後】4月下旬

修剪 4月下旬

1 用修枝剪將雜亂的枝條剪下。

2 修剪完成的狀態。

處理傷口 4月下旬

1 用嫁接刀（銳利的刀類）將較大的傷口削平。

2 於切口塗上墨汁。

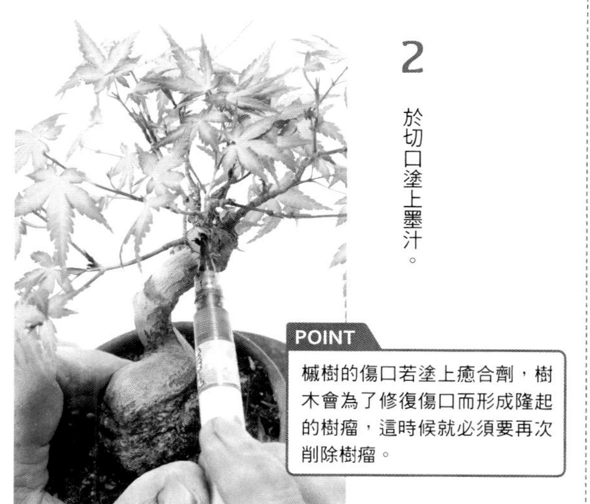

POINT

槭樹的傷口若塗上癒合劑，樹木會為了修復傷口而形成隆起的樹瘤，這時候就必須要再次削除樹瘤。

纏線・整枝 4月下旬

1 於每根枝條上纏線，將枝條往下垂。

2 纏線、整枝完成的狀態。

移植 4月下旬

※原本應在2～3月進行移植。

1 用切根剪修剪根系的上部。

2 用切根剪將根系從橫向修剪。

3 根系修剪完成的狀態。

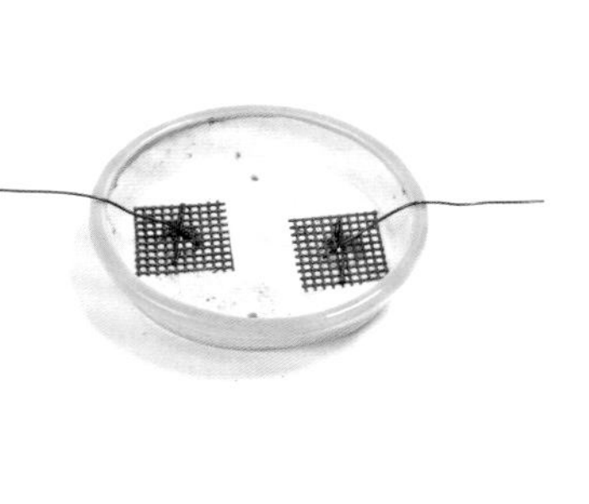

4 準備缽盆和用土。

※用土＝赤玉土（中顆粒）8：河砂2

5 用盛土器將用土從上方倒入。

※用土＝赤玉土（小顆粒）8：河砂2

6 用鑷子插入土中（也可以用竹籤），減少土壤和根系間的空隙。

7 移植完成，鋪好青苔的狀態。

切芽 5月中旬

1 新芽長出的狀態。

2 用修枝剪將過長的新芽剪下。

纏線・整枝 5月中旬

1 將新芽纏線。

2 纏線、整枝完成的狀態。

剔葉 6月上旬

1 葉片伸長的狀態。

2 用剔葉剪刀將葉片從葉基部往下一點的位置剪下。

3 剔葉完成的狀態。

株立　上下21cm　靜和缽

Pieris japonica

馬醉木

檔案

別名：梫木
分類：杜鵑花科馬醉木屬（常綠灌木）
樹形：株立等

吊鐘形的嬌嫩小花以串型方式盛開

有日本原產及喜馬拉雅原產的樹種。莖葉含有叫做馬醉木毒素的有毒物質，由於馬吃了此植物後會變得有如喝醉般而得其名。新芽呈現美麗的紅色，到了冬天也不會落葉。花形和日本釣鐘花相似，花色有紅、粉桃紅及白色等種類。

管理重點

放置場所 管理於日照充足、通風良好的場所。雖然日陰環境下也能生長，不過開花狀況會變差。

澆水 在生長期的春～秋季，應澆灑充足水分。

肥料 施放固態肥料。

病蟲害 注意網蝽、捲葉蛾。

移植 兩年一次。最適合移植的時期為3～4月中旬。

作業行事曆	1月	2月	3月	4月	5月	6月	7月	8月	9月	10月	11月	12月
		移植	■	■					移植 ■	■		
			肥料 ■	■	■	■		肥料	■	■		
				纏線・拆線		■						

修剪 3月上旬

1 用修枝剪將枯萎的小枝條剪下。

2 用修枝剪將多餘的枝條剪下。

3 修剪完成的狀態。

移植 3月上旬

1 先用理根器從上往下將根系鬆開，再用切根剪將過長的根系修剪完成的狀態。

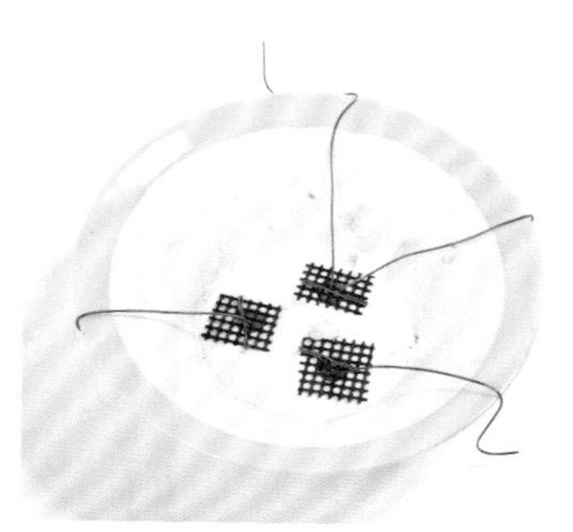

※用土＝在赤玉土（中顆粒）8：河砂2中，加入1成比例的竹炭混合。

2 準備缽盆和用土。

POINT
從上方倒入的用土不要混入竹炭。因為浸泡於水桶時竹炭會浮起。

※用土＝赤玉土（小顆粒）8：河砂2

3 用盛土器將用土從上方倒入。

4 移植完成，鋪好青苔的狀態。

MEMO

促進開花的訣竅

在新芽的尖端會形成花蕾。為了維持樹形的輪廓，只要將伸展過長的枝條剪下即可，之後就不要再進行修剪。

Schizophragma hydrangeoides

鑽地風

檔案

別名：岩絡
分類：虎耳草科鑽地風屬（藤蔓性落葉木）
樹形：斜幹、模樣木、懸崖等

半懸崖　上下13cm　左右20cm　日本缽

於6月上旬開花

盤繞於岩石或樹木上生長 盛開清新的白花

自生於日本全國的山地。纏繞於岩石或樹木上，藉由從莖部長出的氣根生長。雖然屬於藤蔓性植物，但樹幹也會逐漸加粗，容易打造成盆栽。可進行扦插或壓根繁殖。到了6月會開滿外型類似繡球花的白花。在北海道函館的大沼公園中，可欣賞到覆蓋於岩石上的群生鑽地風。

管理重點

放置場所　管理於日照充足、通風良好的場所。但夏季時應放置於日照較弱處以防葉片曬傷。冬季則移動至屋簷下。

澆水　澆灑充足水分。喜愛濕氣。可在夏季的傍晚澆灑葉水。

肥料　施放固態肥料。

病蟲害　幾乎沒有病蟲害。

移植　兩年一次。最適合移植的時期為3～4月中旬。

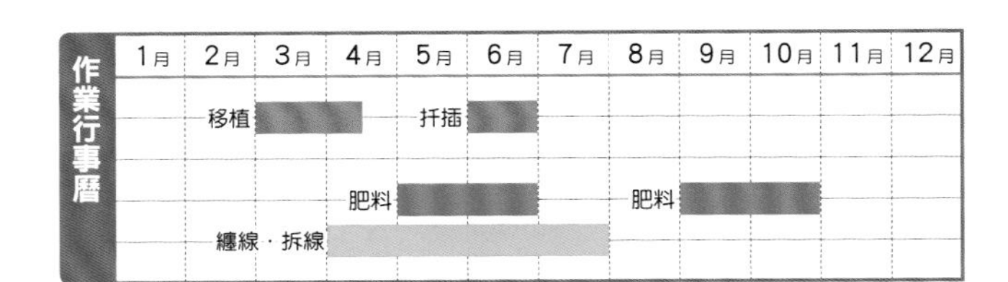

作業行事曆	1月	2月	3月	4月	5月	6月	7月	8月	9月	10月	11月	12月
移植・扦插		移植	■	■	扦插	■						
肥料				肥料	■	■		肥料	■	■		
纏線・拆線		纏線・拆線		■	■	■	■					

纏線・整枝 4月上旬

1 將每根枝條纏線，進行整枝。

2 纏線、整枝完成的狀態。

移植 4月上旬

1 用理根器從上往下將根系鬆開。

2 疏根完成的狀態。

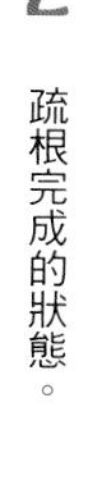
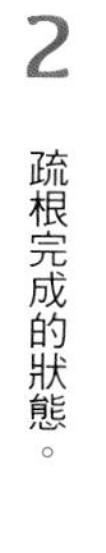

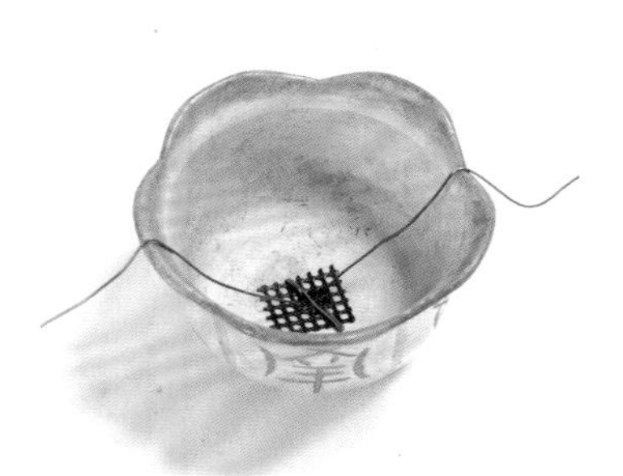

3 準備缽盆和用土。

※用土＝赤玉土（中顆粒）8：河砂2

4 移植完成，鋪好青苔的狀態。

MEMO

促進開花的訣竅

夏季應放置於較陰涼的位置。若讓葉片曬傷，會使葉片失去養分，導致無法長出新的葉芽、開花數量也跟著減少。

Prunus mume

梅花

檔案

別名：一
分類：薔薇科李屬（落葉喬木）
樹形：模樣木、斜幹、文人木、半懸崖等

懸崖　上下30cm　左右56cm　海鼠釉缽

厚重樹幹的古木感
和嬌巧的花形成對比

原產於中國。清韻的花朵自從萬葉時代以來就受人喜愛。在花朵較少的冬季開花，芬芳花香也很受歡迎。隨著歲月而呈現出古木感的樹幹紋理，和小巧嬌美花朵的組合極為迷人。開花後應立刻進行枝條的修剪，注意別修剪到隔年的花芽。

管理重點

放置場所 管理於日照充足、通風良好的場所。

澆水 用土表面乾燥後，再澆灑大量水分。於花芽生長的6～8月中旬，應減少澆水量。

肥料 施放固態肥料。

病蟲害 注意蚜蟲、介殼蟲、黑星病。

移植 兩至三年一次。移植的適合時期為2～3月、9～10月。

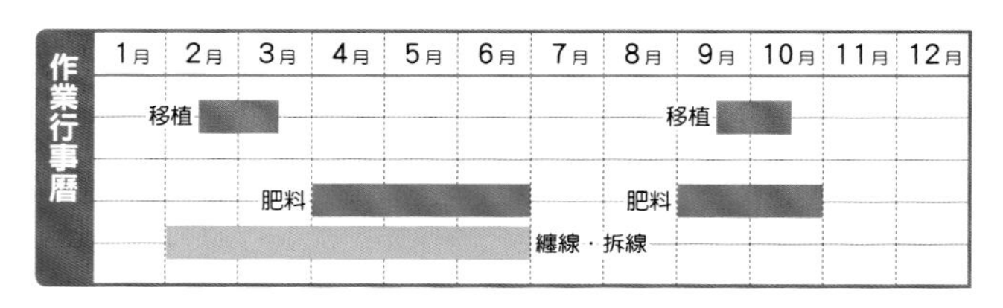

摘花 2月中旬

1 開花七至八成左右時，用鑷子將所有的花摘下。

修剪 2月中旬

1 用修枝剪將多餘的直立枝剪下，枝條末梢也加以修剪。

2 用叉枝剪將舊傷口（之前修剪的痕跡）切除。

3 用抹刀（或是竹片）在切口塗抹癒合促進劑。

纏線・整枝 2月中旬

1 將枝條纏線，小心翼翼地進行整枝。

POINT
梅樹的枝條彎曲時若過於用力，很容易就會折斷。

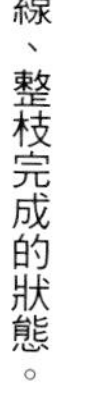
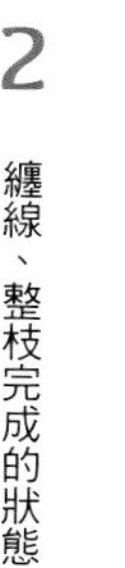
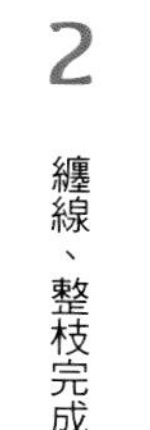
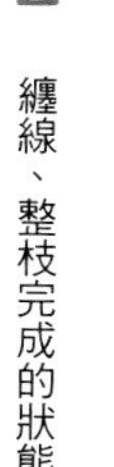

2 纏線、整枝完成的狀態。

移植 2月中旬

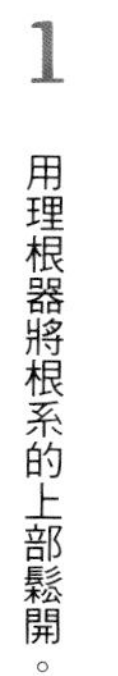

1 用理根器將根系的上部鬆開。

2 用理根器將根系下部鬆開。

3

疏根完成的狀態。

4

用切根剪將過長的根系修剪。

5

根系修剪完成的狀態。

6

用牙刷清洗根基部。

POINT
埋在土壤的部分帶有髒污，因此將移植後要露出的部分清洗乾淨。

7

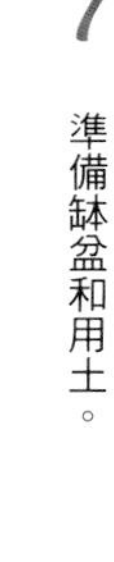

準備缽盆和用土。

※用土＝在赤玉土（中顆粒）8：河砂2中，加入1成比例的竹炭混合。

8

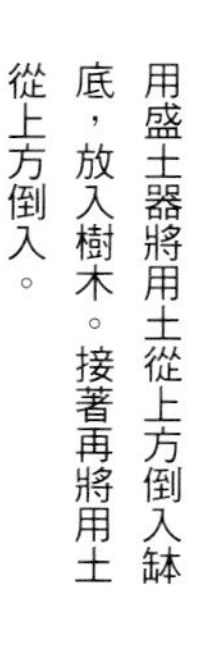

用盛土器將用土從上方倒入缽底，放入樹木。接著再將用土從上方倒入。

POINT
從上方倒入的用土不要混入竹炭。因為浸泡於水桶時竹炭會浮起。

※用土＝赤玉土（小顆粒）8：河砂2

9

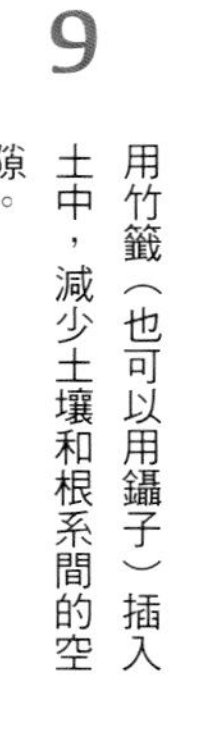

用竹籤（也可以用鑷子）插入土中，減少土壤和根系間的空隙。

10

用鉗子將金屬線扭緊於一處，固定樹木。

11
用老虎鉗將剩下的金屬線剪斷。

12
從上方倒入用土。

※用土＝赤玉土（小顆粒）8：河砂2

13
水桶內放水，將盆栽浸泡至缽盆的上側邊緣，使盆栽從下方吸水，接著再將水瀝乾。

14
移植完成，鋪好青苔的狀態。

修剪枝條根部的葉片 6月上旬

1
葉片長大的狀態。

POINT
這是梅樹特有步驟。梅花開花後就難以長出新芽，此作業的目的便是為了減少花芽，促進葉芽生長。

2
用剔葉剪刀將枝條根部的兩片葉子剪下。

纏線・整枝 6月上旬

1
於新梢纏線，進行整枝。

POINT
梅樹的枝條挺直，因此可以彎成微微的曲線。

2
纏線、整枝完成後的狀態。

※促進開花的訣竅＝摘除新芽的前端，抑制新芽生長。新芽的生長期為4月左右，若每個枝條能長出五到六條分枝，到了6～7月就會開始形成花芽。

Stachyurus praecox

通條木

斜幹　高25cm　中國缽

檔案

別名：喜馬拉雅旌節花、通草樹、通草花、小通草、小通花、魚泡通
分類：旌節花科旌節花屬（落葉灌木）
樹形：模樣木、文人木、懸崖等

淡黃色的花穗低垂 彷彿訴說著早春的來臨

原產於日本。強健且栽培容易的樹木。會在秋天長出垂吊的花序（花蕾）並直接越冬，到了早春則會比葉子早一步開出小巧可愛的花朵。雌雄異株，花穗長至7～8cm的是雌花。除了開花以外，也能隨著不同季節欣賞新芽、綠葉及紅葉的變化。

作業行事曆

作業	1月	2月	3月	4月	5月	6月	7月	8月	9月	10月	11月	12月
移植			■									
摘芽				■								
肥料				■	■	■			■	■		
纏線・拆線	■	■	■	■	■	■						■

管理重點

放置場所 管理於日照充足、通風良好的場所。夏季避免西曬，冬季應移至屋簷下。

澆水 喜愛水分。用土表面乾燥後，澆灑大量水分。栽種於深缽盆中時，建議在夏季採用浸泡給水法。

肥料 施放固態肥料。

病蟲害 注意介殼蟲。

移植 一至兩年一次。移植的適合時期為3月。

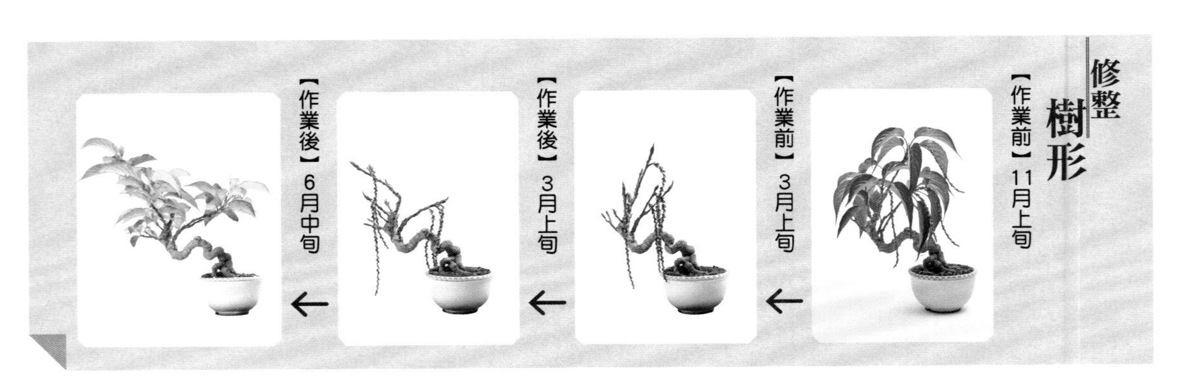

傷口處理 3月上旬

1 樹木原有的舊傷口。

2 用嫁接刀將舊傷口削平。

POINT
削平後建議立刻處理傷口。如果放任不管，有可能會造成傷口腐敗。

3 用抹刀（或是竹片）在切口上塗抹癒合促進劑。

纏線・整枝 3月上旬

1 將每根枝條纏線，進行整枝。

2 纏線、整枝完成，鋪好青苔的狀態。

MEMO

促進開花的訣竅

摘除新芽的前端，並施放鉀和磷的固態肥料。到了6月中旬便會長出隔年的花芽。

Potentilla fruticosa

金露梅

於6月上旬開花

檔案

別名：金老梅
分類：薔薇科委陵菜屬（落葉灌木）
樹形：模樣木、株立、懸崖等

模樣木　上下15cm　祝峰缽

花形有如梅花般色澤鮮豔美麗

自生於北半球。在日本可見於中部地方以西的地區。花形有如梅花，因此而得其名。在國外有栽培成園藝品種，種類豐富。花色有黃色、白色及淡桃紅色，會在一個月之間陸續開花。落葉後打磨樹皮，可呈現光澤感。

管理重點

放置場所 管理於日照充足、通風良好的場所。具有耐寒性，可耐積雪。

澆水 用土表面乾燥後，澆灑大量水分。注意在多濕的夏季容易引起根部腐爛。

肥料 施放固態肥料。

病蟲害 注意蚜蟲、螟蛾。

移植 兩年一次。移植的適合時期為3月、10月。

作業行事曆	1月	2月	3月	4月	5月	6月	7月	8月	9月	10月	11月	12月
移植		移植	■						移植	■		
摘芽			摘芽	■	■	■						
肥料			肥料	■	■	■		肥料	■	■		
纏線・拆線	■ 纏線・拆線	■			■ 纏線・拆線	■				纏線・拆線		■

清潔枝幹 3月下旬

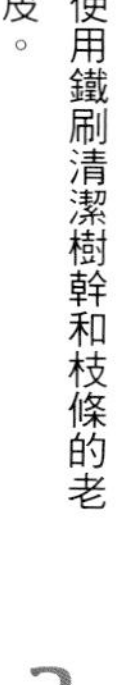

1 使用鐵刷清潔樹幹和枝條的老皮。

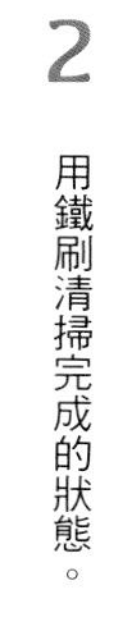

2 用鐵刷清掃完成的狀態。

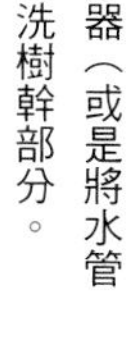

3 用高水壓洗淨器（或是將水管前端壓細）清洗樹幹部分。

4 用高水壓洗淨器清潔完成的狀態。

移植 3月下旬

1 用切根剪以橫向修剪根系。

2 根系修剪完成的狀態。

3 準備缽盆和用土。

※用土＝在赤玉土（中顆粒）8：河砂2中，加入1成比例的竹炭混合。

4 移植完成，鋪好青苔的狀態。

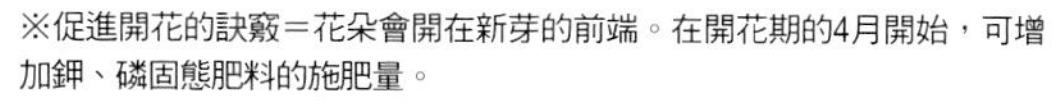

※促進開花的訣竅＝花朵會開在新芽的前端。在開花期的4月開始，可增加鉀、磷固態肥料的施肥量。

鴛鴦櫻　模樣木　上下25cm　和心缽

十月櫻

雲龍櫻

Prunus（=*Cearsus*）

櫻花

檔案

別名：—
分類：薔薇科櫻屬（落葉喬木）
樹形：模樣木、斜幹、文人木等

日本的「春天」象徵！華麗的花朵受人愛戴

象徵日本春天的櫻花，其種類多達兩百種。照片中的鴛鴦櫻，因為同一處可長出兩朵花而得其名。櫻花盆栽的鑑賞重點在於樹幹的古木感。使枝條自由伸展，呈現出向外擴展的氣息。2～3月開花的寒櫻也很受歡迎。

作業行事曆

作業	1月	2月	3月	4月	5月	6月	7月	8月	9月	10月	11月	12月
移植			■	■（上半）					■			
摘芽				■	■							
肥料				■	■	■			■	■	■	
纏線 拆線			■	■	■	■						

管理重點

放置場所　管理於日照充足、通風良好的場所。夏季避免西曬，冬季應移至屋簷下。

澆水　忌乾燥。一旦缺水後，需要較長的時間復原。澆水過量會減少開花數。

肥料　施放固態肥料。

病蟲害　注意蚜蟲、毛蟲、介殼蟲、根頭癌腫病。

移植　兩年一次。移植的適合時期為3月上旬～4月中旬、9月。

纏線・整枝 3月上旬

1 將每根枝條纏線，進行整枝。

POINT
將枝條彎曲可賦予樹形優美的印象。

2 將挺直的枝條彎曲。

3 纏線、整枝完成的狀態。

移植 3月上旬

POINT
一開始先將纏繞的根系剪斷，較容易鬆開。

1 用切根剪以縱向剪開根系。

2 用理根器從上往下鬆開根系。

3 用切根剪將較長的根系剪短。

4 根系修剪完成的狀態。

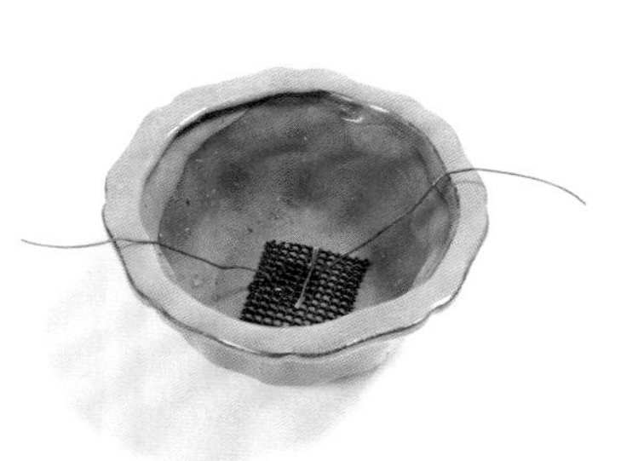

5 準備缽盆和用土。

※用土＝在赤玉土（中顆粒）8：河砂2中，加入1成比例的竹炭混合。

纏線・整枝 5月中旬

1 葉芽伸展的狀態。

2 於新梢纏線，進行整枝。

POINT
有減緩枝條生長，促進花芽分化的效果。

POINT
到隔年的開花期之前，都不需進行其他作業。葉片呈現黃色時，可施放肥料直到轉回綠色為止。

3 纏線、整枝完成的狀態。

MEMO

促進開花的訣竅

1 櫻花枝條若修剪的太短，會無法長出花芽。新梢長出五片葉子後，可將後來長出的新芽摘除。
2 盡量不要剔葉。
3 施肥過量會長出新芽，導致無法長出花芽。

6 用盛土器將用土倒入缽底。接著用鉗子將金屬線扭緊於一處，固定樹木。

POINT
從上方倒入的用土不要混入竹炭。因為浸泡於水桶時竹炭會浮起。

7 用盛土器將用土覆蓋於上方。

※用土＝赤玉土（小顆粒）8：河砂2

8 用竹籤（也可以用鑷子）插入土中，減少土壤和根系間的空隙。

9 移植完成，鋪好青苔的狀態。

Punica granatum

石榴

檔案

別名：安石榴
分類：千屈菜科石榴屬（落葉中喬木）
樹形：模樣木、半懸崖等

模樣木　上下13cm　慶心缽

鮮豔的花朵和扭轉樹幹的魄力

原產於伊朗高原～阿富汗一帶。可隨著不同季節欣賞新芽、花朵及黃葉的變化。園藝品種繁多，其中像矮性種、一歲性（早發性品種）、捩幹石榴都是知名品種。在本書中介紹的捩幹石榴，除了花朵之外，樹幹扭轉的落葉寒樹也充滿魄力。有些品種在幼木時期就能結果，為其魅力之處。

管理重點

放置場所　管理於日照充足、通風良好的場所。夏季避免西曬，冬季應移至屋簷下。

澆水　性喜偏乾燥的土壤環境。注意根腐病。

肥料　施放固態肥料。

病蟲害　注意蚜蟲、捲葉蛾、介殼蟲、薊馬。

移植　兩年一次。移植的適合時期為3月中旬～4月中旬。

作業行事曆	1月	2月	3月	4月	5月	6月	7月	8月	9月	10月	11月	12月
移植、扦插			移植		扦插							
摘芽・切芽		摘芽・切芽										
肥料			肥料					肥料				
纏線・拆線				纏線・拆線								

移植 3月下旬

1

POINT
種植在濾網中，就能避免盤根系纏繞或阻塞。

用切根剪將伸出濾網的根系修剪。

2

用理根器從上往下將根系鬆開，再用切根剪將過長的根系修剪完成的狀態。

3

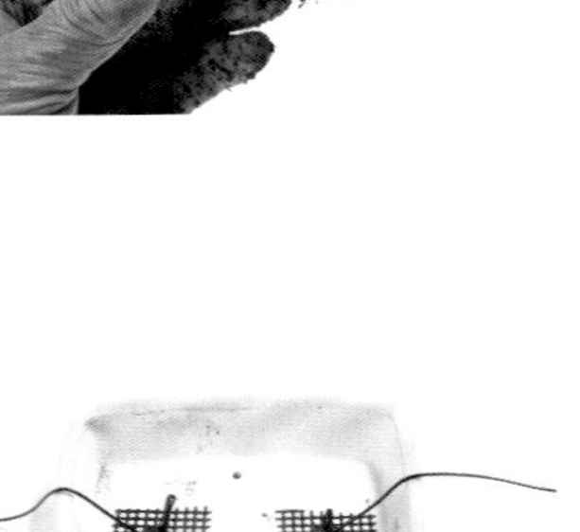

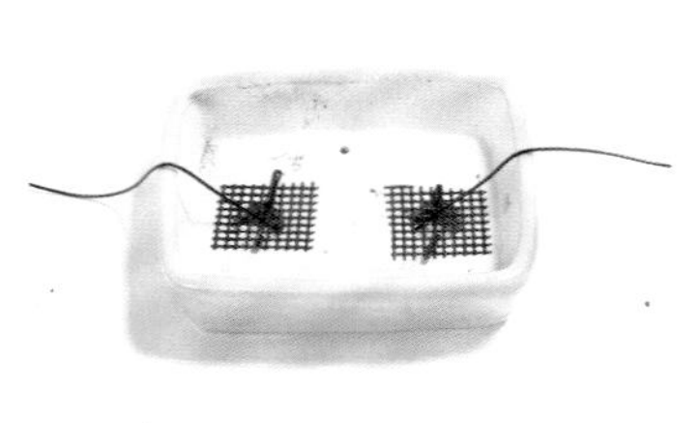

準備缽盆和用土。

※用土＝在赤玉土（中顆粒）8：河砂2中，加入1成比例的竹炭混合。

4

移植完成，鋪好青苔的狀態。

摘芽 5月中旬

1

新芽伸展的狀態。

2

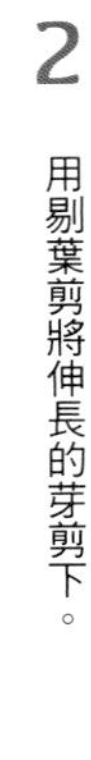

用剔葉剪將伸長的芽剪下。

切芽 6月上旬

1

用修枝剪將伸長的芽剪下。

2

切芽完成的狀態。

※促進開花的訣竅＝摘除新芽前端，施放磷、鉀的固態肥料。

Rhododendron indicum

皋月杜鵑

檔案

別名：夏鵑、日本杜鵑、迎春花
分類：杜鵑花科杜鵑屬（常綠灌木）
樹形：直幹、雙幹、文人木、懸崖、合植等

松波

模樣木　上下20cm　日本缽

超人氣的賞花樹木 花的種類豐富多樣

自生於關東以西、九州南部以南、屋久島（四國除外）。生長在河川或湖沼邊的岩石地區。花朵有單瓣及重瓣，色彩也很豐富，園藝品種超過一千種。可耐刀痕，樹幹容易加粗，也易於創作樹形。照片中的松波，可分別開出三到四種類的花。

管理重點

放置場所 管理於日照充足、通風良好的場所。夏季避免西曬，冬季應移至屋簷下。

澆水 喜愛水分。注意缺水。

肥料 施放固態肥料。

病蟲害 注意軍配蟲。當葉色轉變成棕色時，可施灑藥劑。

移植 兩年一次。移植的適合時期為3月、6月中旬～下旬。

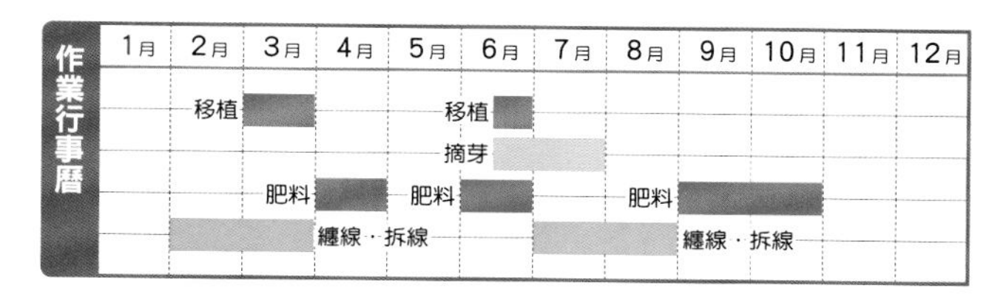

作業行事曆

	1月	2月	3月	4月	5月	6月	7月	8月	9月	10月	11月	12月
移植			移植			移植						
摘芽						摘芽	摘芽					
肥料				肥料		肥料			肥料	肥料		
纏線・拆線		纏線・拆線	纏線・拆線				纏線・拆線	纏線・拆線				

修剪 2月中旬

1

使用修枝剪（修剪細枝條的剪刀）將枝條從基部剪下。

2

將切口斷面削成平面。

3

修剪完成的狀態。

4

用抹刀（或是竹片）在切口塗抹癒合促進劑。

纏線・整枝 2月中旬

1

將每根枝條纏線，進行整枝。

2

纏線、整枝完成的狀態。

移植 2月中旬

※原本應該在3月進行移植。

1

用理根器將根系稍微鬆開後，用切根剪以縱向將根系切成「V字形」。

POINT

皋月杜鵑會長出細長又堅硬的根系，所以務必要用切根剪刀修剪。

2

根系修剪完成的狀態。

3

準備鉢盆和用土。用盛土器將用土放入鉢底，接著再放入樹木。

※用土：鹿沼土（中顆粒）

4

用盛土器將用土從上方倒入，接著將竹片（也可以用鑷子）插入土中，減少土壤和根系間的空隙。

覆蓋水苔 2月中旬

1

將水苔浸泡於水中，接著拉成繩狀。

2

將水苔放置於根基部，用手指按壓使其服貼。

3

將金屬線彎成「U字形」之後，固定水苔。

4

移植完成的狀態。

修剪 4月下旬

1

新芽長出的狀態。

2

用修枝剪將新芽剪下。

POINT

可藉由截剪新芽促進小枝條的生長。

3

修剪完成的狀態。

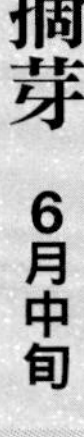

摘芽 6月中旬

1

新芽伸展的狀態。

2

從根基部長出不定芽。

POINT

皐月杜鵑或玫瑰容易從根基部長出多餘的芽（不定芽）。儘早摘除可避免留下傷痕。

3

用鑷子摘除根基部的不定芽。

4

用鑷子摘除伸長的芽。

5

摘芽完成的狀態。

※促進開花的訣竅＝經常進行消毒（殺蟲、殺菌）。於6～11月間，每月應施灑兩次。

Cornus officinalis

山茱萸

檔案

別名：山萸肉、蜀酸棗、肉棗、薯棗、實棗、萸肉、天木籽、山萸
分類：山茱萸科山茱萸屬（落葉喬木）
樹形：模樣木、株立等

模樣木　上下17cm　東缽

於3月上旬將每根枝條纏線，進行整枝。

宣告春天來訪的花木 小巧花朵閃耀著金黃色

原產於中國、朝鮮半島。在長出新芽前，會在枝條末梢盛開黃色的小花，因此在日本也有「春黃金花」之別名。早春的花朵不知為何以黃色居多。到了秋天會結橢圓形的紅色果實，因此又被稱為「秋珊瑚」。強健且耐刀痕，長出纖細的小巧枝條時，便可呈現出迷人的外觀。

管理重點

放置場所　管理於日照充足、通風良好的場所。

澆水　用土表面乾燥後，再澆灑大量水分。注意缺水。

肥料　施放固態肥料。

病蟲害　注意綠刺蛾幼蟲。

移植　兩年一次。移植的適合時期為4月中旬。

作業行事曆	1月	2月	3月	4月	5月	6月	7月	8月	9月	10月	11月	12月
移植				■								
肥料				■		■			■	■		
纏線・拆線			■	■	■	■	■	■				

※促進開花的訣竅＝摘除新芽前端，施放磷、鉀的固態肥料。

Camellia sinensis

茶樹

檔案

別名：—
分類：山茶科山茶屬（常綠灌木）
樹形：懸崖、株立、斜幹等

懸崖　上下18cm　左右26cm　中國缽

稍大的圓形花朵
比起數量更重視協調感

原產於中國。葉片可經由加工而製成綠茶、紅茶或烏龍茶。圓圓的白色花瓣，搭配鮮豔黃色雄蕊的組合令人印象深刻。創作茶樹盆栽的訣竅，在於減少花的數量以呈現協調感。茶樹屬於比較不耐寒的樹木，應等氣候回暖後再進行移植。

管理重點

放置場所 管理於日照充足、通風良好的場所。長新芽時要注意遲霜。

澆水 用土表面乾燥後，澆灑大量水分。

肥料 可增加固態肥料的施放量。

病蟲害 注意白紋羽病、茶毒蛾幼蟲。

移植 兩年一次。移植的適合時期為3月中旬～4月中旬。

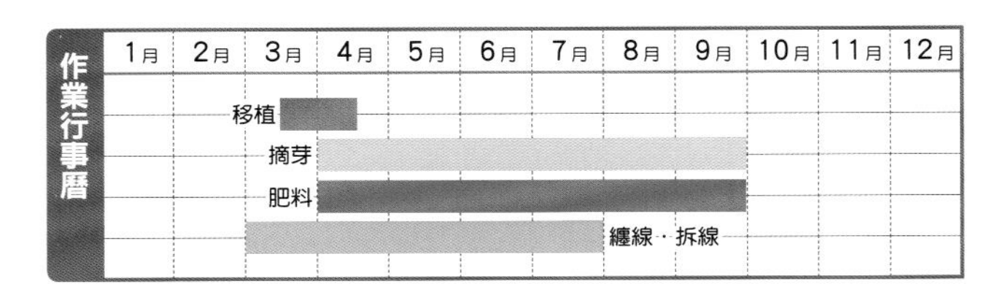

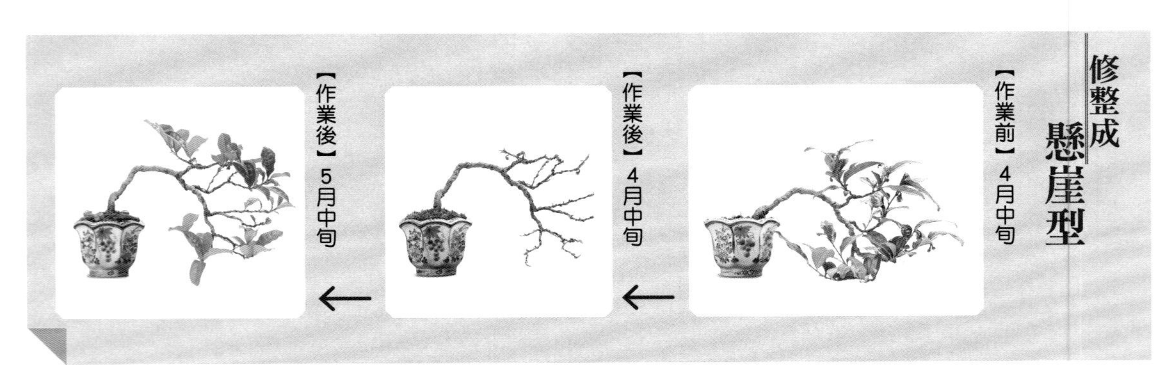

剔葉 4月中旬

1 用剔葉剪將葉片從基部剪下。

POINT
常綠闊葉樹需進行剔葉。上方的葉片生長勢較強，需為了使新芽生長均一而進行剔葉。

2 剔葉完成的狀態。

纏線・整枝 4月中旬

1 將每根枝條纏線，進行整枝。

2 纏線、整枝完成的狀態。

移植 4月中旬

1 用理根器從上往下將根系鬆開，再用切根剪將過長的根系修剪完成的狀態。

2 移植完成，鋪好青苔的狀態。

※用土＝赤玉土（中顆粒）8：河砂2

※促進開花的訣竅＝摘除新芽前端，施放多量的磷、鉀固態肥料。

Chaenomeles japonica Lindl. 'Chojubai'

長壽梅

檔案

別名：日本木瓜
分類：薔薇科木瓜屬（常綠灌木）
樹形：斜幹、模樣木、株立、懸崖、石附等

白花

紅花

模樣木　上下17cm　月香木瓜缽

枝幹的古木感 四季盛開的嬌巧花朵

原產於日本，較有力的說法是來自於草木瓜（寒梅）的變種。矮性、四季開花，冬天也能欣賞開花樂趣，因此經常出現於冬季的盆栽展示會上。花色有紅色及白色，盆栽多以紅花為主。枝條會密集分枝成纖細枝條，萌芽力旺盛，新手也能輕鬆栽培。

作業行事曆

作業	1月	2月	3月	4月	5月	6月	7月	8月	9月	10月	11月	12月
移植			■	■		■	■		■			
剔葉						■	■					
肥料				■	■	■	■	■	■			
纏線・拆線					■	■	■					

管理重點

放置場所　管理於日照充足、通風良好的場所。夏季避免西曬，冬季應移動至屋簷下。

澆水　忌乾燥。用土表面乾燥後，澆灑大量水分。

肥料　施放固態肥料。

病蟲害　注意蚜蟲、介殼蟲、根頭癌腫病。

移植　兩年一次。移植的適合時期為3～4月、6～7月、9月。

移植 3月上旬

1
用切根剪將過長的根系修剪。如果之前栽種於較大的缽盆中時，可將根系剪成一半。

2
若發現根瘤時，可用切根剪刀剪下。

POINT
長壽梅很容易感染根頭癌腫病。

3
將整個樹頭（根部）浸泡於藥水中，靜置一到二小時後，將水分瀝乾。

POINT
藥水＝在水桶（容量10L）中放入七至八分滿的水，接著放入約兩個蓋子分量的殺菌劑（保美黴素Agrimycin、鏈黴素Streptomycin）。

4
準備缽盆和用土。

※用土＝在赤玉土（中顆粒）8：河砂2中，加入1成比例的竹炭混合。

5
用盛土器將用土從上方倒入。

POINT
從上方倒入的用土不要混入竹炭。因為浸泡於水桶時竹炭會浮起。

※用土＝赤玉土（小顆粒）8：河砂2

6
用竹籤（也可以用鑷子）插入土中，減少土壤和根系間的空隙。

7
再次將樹頭浸泡於3的藥水中，靜置一至二小時後，將水分瀝乾。

8
移植完成，鋪好青苔的狀態。

將栽培於田間的樹木（已栽種於盆器中兩年），修整成模樣木

修剪 6月上旬

1

用修枝剪將下方長出的幹生芽剪下，使樹幹乾淨俐落。

POINT

長壽梅經常會長出幹生芽，因此可經常進行修剪。

2

幹生芽修剪完成的狀態。

3

用修枝剪將徒長的枝條剪下。

4

修剪完成的狀態。

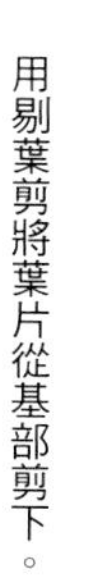

剔葉 6月上旬

1 用剔葉剪將葉片從基部剪下。

2 剔葉完成的狀態。

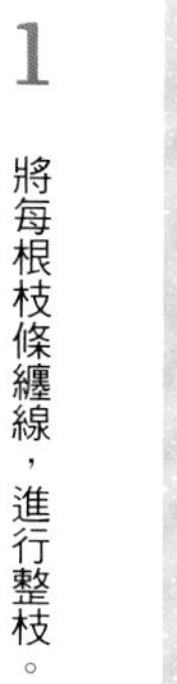

纏線・整枝 6月上旬

1 將每根枝條纏線，進行整枝。

2 纏線、整枝完成的狀態。

整枝 6月上旬

1 用鑷子固定住枝條的同時，將枝條彎曲成銳角。

2 整枝完成的狀態。

移植 6月上旬

1 用理根器從上往下鬆開根系。

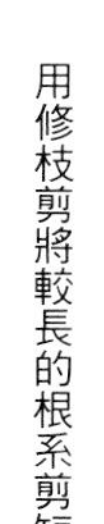

2 用修枝剪將較長的根系剪短。

3

用叉枝剪將主根剪下。

4

根系修剪完成的狀態。

5

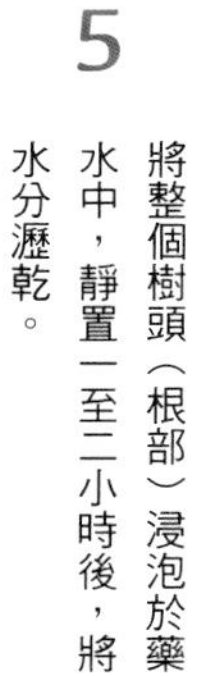

將整個樹頭（根部）浸泡於藥水中，靜置一至二小時後，將水分瀝乾。

POINT

藥水＝在水桶（容量10L）中放入七至八分滿的水，接著再放入約兩個蓋子分量的殺菌劑（保美黴素Agrimycin、鏈黴素Streptomycin）。

6

準備缽盆和用土。

※用土＝在赤玉土（中顆粒）中，加入1成比例的竹炭混合。

7

POINT

從上方倒入的用土不要混入竹炭。因為浸泡於水桶時竹炭會浮起。

用盛土器將用土倒入缽底。放上樹木，再將用土從上方倒進去。

※用土＝赤玉土（小顆粒）

8

用鉗子將金屬線扭緊於一處，固定樹木。

9

再次將樹頭浸泡於5的藥水中，靜置一至二小時後，將水分瀝乾。

10

移植完成的狀態。

※促進開花的訣竅＝摘除新芽前端，施放多量的磷、鉀固態肥料。

Camellia japonica

山茶花

玉之浦

模樣木　上下15cm　Rei缽

檔案

別名：玉茗花、耐冬
分類：山茶科山茶屬（常綠喬木）
樹形：斜幹、模樣木、懸崖、合植等

悠然的雅緻風韻 花形和花色豐富多彩

原產於日本，野山茶（藪椿）自生於太平洋側的海邊，而寒山茶（雪椿）則自生於日本海側的積雪地帶。兩種山茶所交配出的園藝品種多達一千種以上，花形和花色也豐富多元。盆栽較適合栽種花朵較小的品種。自古以來就受人喜愛，也曾記載於萬葉集、古事記、日本書紀中。

管理重點

放置場所　管理於通風良好的場所。中午之前日照充足，下午能遮陰的場所最為理想。夏季進行遮光，冬季移動至屋簷下。

澆水　澆水次數會根據季節而異。

肥料　施放固態肥料。

病蟲害　注意茶毒蛾、炭疽病。染病的部分應盡快去除。

移植　兩年一次。最適合移植的時期為4～6月。

作業行事曆

作業	1月	2月	3月	4月	5月	6月	7月	8月	9月	10月	11月	12月
移植				■	■	■						
摘芽				■	■							
肥料				■	■	■			■	■		
纏線・拆線				■	■	■						

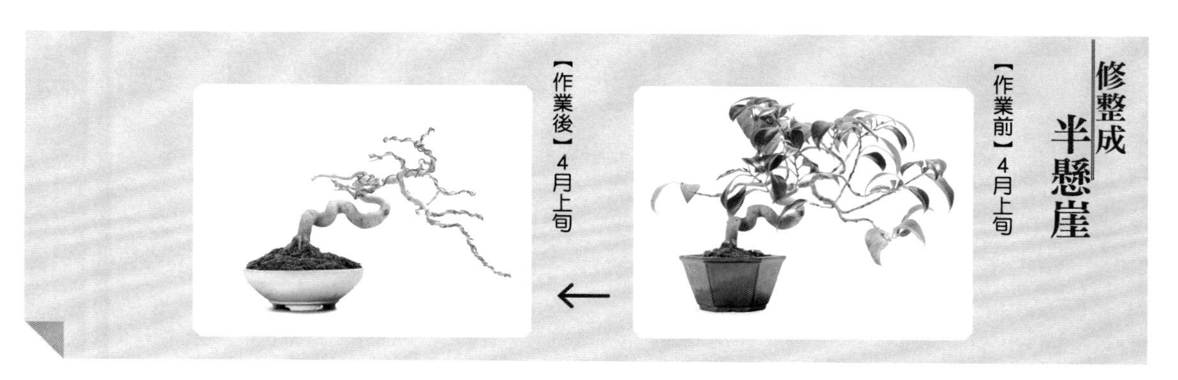

修剪枝幹　4月上旬

1

用修枝剪將伸長的枝條剪短。

POINT

將這種枝條全部修除，可促進新芽生長。

纏線・整枝　4月上旬

1

將每根枝條纏線，進行整枝。

2

纏線、整枝完成的狀態。

移植　4月上旬

1

用理根器從上往下將根系鬆開，再用切根剪將過長的根系修剪完成的狀態。

POINT

將枝條截剪後，若根系依舊維持原本長度，會使水分吸收過量。

2

準備缽盆和用土。

※用土＝在赤玉土（中顆粒）10中，加入3成比例的鹿沼土混合。

3

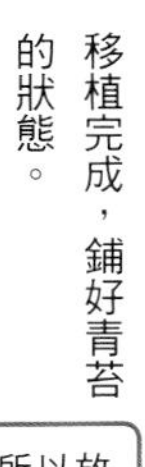

移植完成，鋪好青苔的狀態。

POINT

由於鹿沼土較輕，所以放入水桶中吸水時，應使其從缽盆的下方吸水。

※促進開花的訣竅＝山茶花於6月長出花芽，在這之前應避免修剪。

Corylopsis spicata

土佐水木

檔案

別名：日向水木、伊予水木
分類：金縷梅科蠟瓣花屬（落葉灌木）
樹形：模樣木、懸崖、株立、合植等

雙幹　上下16cm　藤掛雄山缽

在早春的展示會中 嬌憐的小花吸引目光

自生於高知縣的山地。在長出綠葉之前，黃色的小花有如灑落於樹上般盛開。同屬的日向水木（伊予水木）也經常創作成盆栽，不過土佐水木的特徵是花穗較短。在早春的展示會中，花朵的嬌憐樣貌總是吸引人們的目光。促進開花的訣竅是不要剔葉。

作業行事曆

作業	1月	2月	3月	4月	5月	6月	7月	8月	9月	10月	11月	12月
移植			■	■								
切芽				■	■							
肥料				■	■	■			■	■		
纏線・拆線			■	■	■	■	■					

管理重點

放置場所　管理於日照充足，通風良好的場所。夏季避免西曬，冬季等下過強霜後，再移動至屋簷下。

澆水　用土表面乾燥後，再澆灑大量水分。

肥料　施放固態肥料。

病蟲害　注意白粉病。

移植　兩年一次。最適合移植的時期為3～4月。

纏線・整枝 3月上旬

1 改變缽盆的正面。將每根枝條纏線，進行整枝。

2 纏線、整枝完成的狀態。

移植 3月上旬

1 用理根器從上往下鬆開根系。

2 用切根剪將較長的根系剪短。

3 根系修剪完成的狀態。

4 準備缽盆和用土。

※用土＝在赤玉土（中顆粒）8：河砂2中，加入1成比例的竹炭混合。

5

用盛土器將用土倒入缽底。放上樹木，用鉗子將金屬線以十字扭緊，固定樹木。

POINT

若樹木較高時，用十字固定金屬線會比較牢固。

6

放入用土，再用竹籤（也可以用鑷子）插入土中，減少土壤和根系間的空隙。

POINT

從上方倒入的用土不要混入竹炭。因為浸泡於水桶時竹炭會浮起。

※用土＝赤玉土（小粒）8：川砂2

7

移植完成，鋪好青苔的狀態。

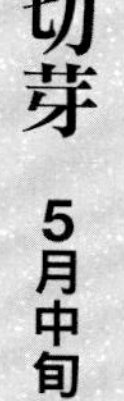

切芽 5月中旬

1

新芽伸長的狀態。

2

用修枝剪將伸長的芽剪下。

3

切芽完成的狀態。

※促進開花的訣竅＝摘除新芽前端，施放磷、鉀的固態肥料。

Rosa multiflora

野薔薇

於6月上旬開花

模樣木　上下11cm　土交缽

檔案

別名：薔薇
分類：薔薇科薔薇屬（落葉灌木）
樹形：模樣木、斜幹、株立、半懸崖、石附等

小巧的花朵、紅色果實 充滿野趣風韻極受歡迎

日本原產的野薔薇。在世界各地為數眾多的玫瑰園藝品種中，也經常被當作交配親本。在盆栽世界中，大多以接近原種的小薔薇（粉色或白色）來創作。到了秋天會結小小的紅色果實，模樣可愛迷人。可增加施肥量。於開花期間施放肥料，能陸續使植株開花。

管理重點

放置場所　管理於日照充足，通風良好的場所。半日照也能生長。冬季應移動至屋簷下。

澆水　用土表面乾燥後，再澆灑大量水分。注意夏季缺水。

肥料　施放固態肥料。

病蟲害　注意蚜蟲、介殼蟲、黑星病、白粉病、根頭癌腫病。定期實施預防對策。

移植　兩年一次。移植的適合時期為2～3月、9～10月。

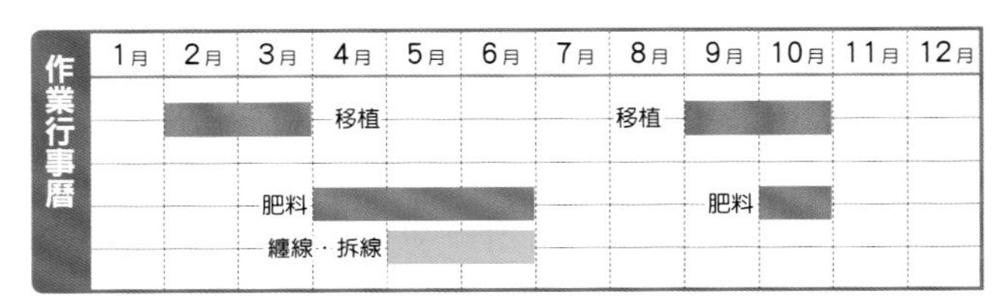

作業行事曆	1月	2月	3月	4月	5月	6月	7月	8月	9月	10月	11月	12月
移植		■	■	移植				移植	■	■		
肥料			肥料	■	■	■			肥料	■		
纏線・拆線			纏線・拆線		■	■						

修剪 5月中旬

1 用叉枝剪將雜亂的枝條剪下。

2 修剪完成的狀態。

纏線・整枝 5月中旬

1 將每根枝條纏線，進行整枝。

2 纏線、整枝完成的狀態。

移植 5月中旬

※原本應該在2~3月進行移植。

1 從黑軟盆中取出的狀態。

2 用切根剪將根系以橫向剪除。

3

用切根剪修剪根系的側面。

4

根系修剪完成的狀態。

5

準備缽盆和用土。

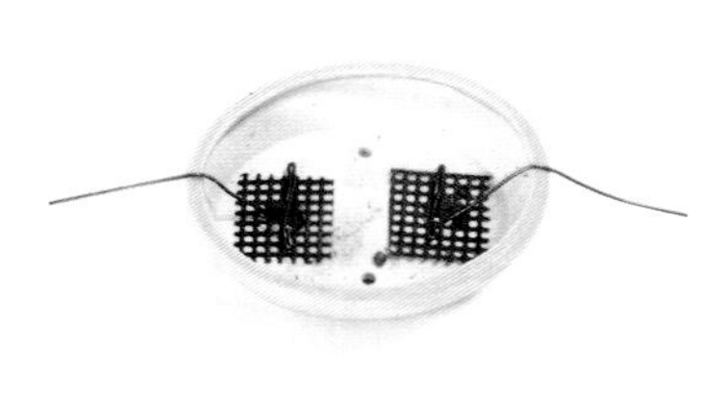

※用土＝赤玉土（中顆粒）8：河砂2

6

用盛土器將用土倒入缽底。放上樹木，再從上方倒入用土。

※從上方倒入的用土＝赤玉土（小顆粒）8：河砂2

7

用竹籤（也可以用鑷子）插入土中，減少土壤和根系間的空隙。

8

移植完成，鋪好青苔的狀態。

※促進開花的訣竅＝摘除新芽前端，施放磷、鉀的固態肥料。

Chaenomeles speciosa

木瓜梅

斜幹　上下16cm　左右27cm　日本鉢

檔案

別名：貼梗海棠、寒梅
分類：薔薇科木瓜屬（落葉灌木）
樹形：雙幹、斜幹、懸崖、株立、模樣木等

有早開及晚開的品種
開花後逐漸轉紅的種類也很受歡迎

木瓜梅原產於日本。大致上可分成早開的「寒木瓜」和晚開的「春木瓜」。長壽梅（➡p.170）又有「草木瓜」之稱，由於樹形修整容易，近年來擁有相當的人氣。花色有紅、白及粉色，花瓣形狀有單瓣及重瓣。開出白花後，逐漸轉為紅色的品種也很受歡迎。

作業行事曆

1月	2月	3月	4月	5月	6月	7月	8月	9月	10月	11月	12月
	扦插	■	剔葉	■	■		移植	■	■		
		肥料	■	■	■		肥料	■	■		
■	■	■	■	■	■	■	纏線・拆線				

管理重點

放置場所　管理於日照充足，通風良好的場所。在花芽生長至飽滿狀態前，應放置於室外管理。

澆水　忌乾燥。新芽時期和夏季應注意避免缺水。

肥料　施放固態肥料。

病蟲害　注意蚜蟲、介殼蟲、根頭癌腫病。

移植　兩年一次。移植的適合時期為9～10月。※春季移植很容易感染根頭癌腫病，應盡量避免。

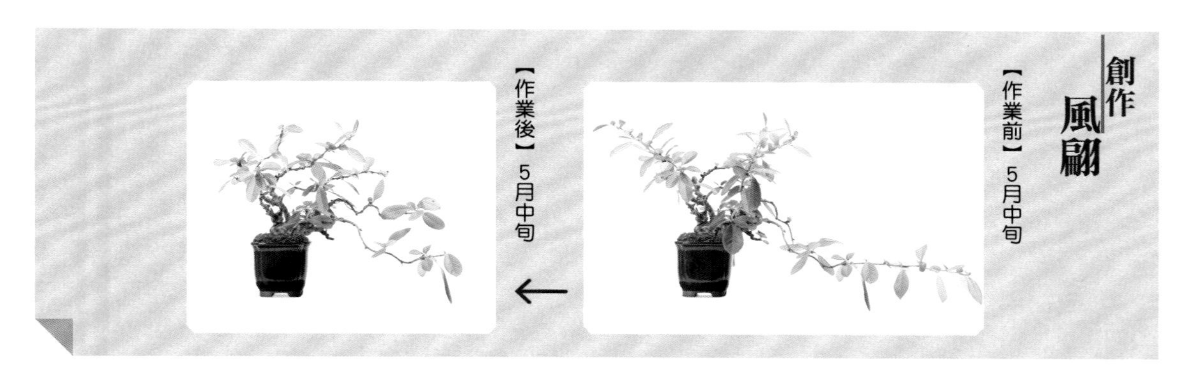

纏線・整枝　5月中旬

1 新芽伸展的狀態。

2 將每根新芽纏線，進行整枝。

3 纏線、整枝完成的狀態。

剔葉　6月中旬

1 葉片長大的狀態。

2 用剔葉剪刀將葉子從基部剪下。

3 剔葉完成的狀態。

※促進開花的訣竅＝摘除新芽前端，施放磷、鉀的固態肥料。

Spiraea thunbergii

雪柳

檔案

別名：珍珠繡線菊、珍珠花、噴雪花
分類：薔薇科繡線菊屬（落葉灌木）
樹形：斜幹、株立、合植等

紅花
花朵較大

白花

斜幹　上下18cm　土交鉢

有如柳樹般的纖細枝條上盛開著有如白雪般的小花

原產於日本、中國。雖然名稱中有「柳」字，卻是薔薇科的樹木。會在早春盛開有如細雪般的小花。創作出許多能隨風搖曳、有如柳樹般的枝條，便能呈現出雅致的風情。花色有白花及紅花。近年來紅花開始流通於盆栽界，逐漸受到歡迎。

管理重點

放置場所　管理於日照充足，通風良好的場所。夏季避免西曬，冬季應移動至屋簷下管理。

澆水　喜愛水分。夏季時應注意避免缺水。

肥料　施放固態肥料。

病蟲害　注意蚜蟲。

移植　兩年一次。移植的適合時期為3～4月、9月。

作業行事曆

1月	2月	3月	4月	5月	6月	7月	8月	9月	10月	11月	12月
	移植	▬	▬	扦插	▬	▬		▬	移植		
		肥料	▬	▬			肥料	▬	▬		
		▬	▬	纏線・拆線			▬	▬	纏線・拆線		

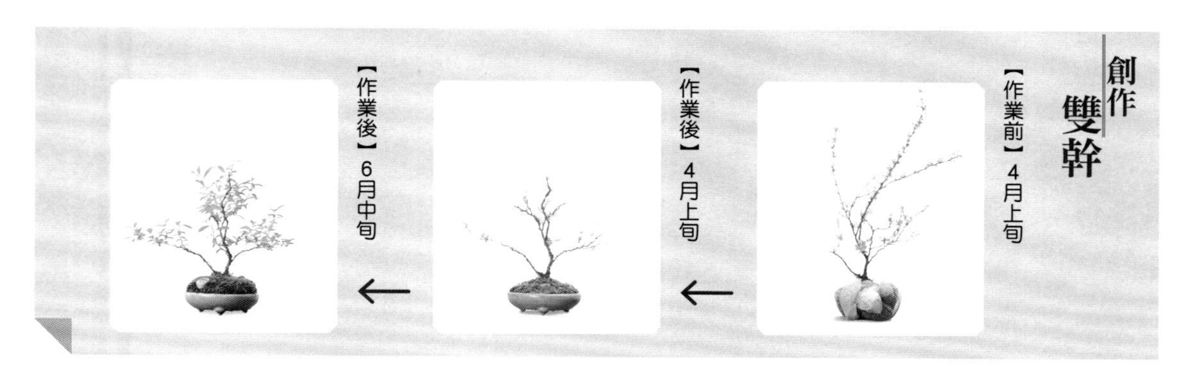

修剪 4月上旬

1

用修枝剪將徒長枝條剪下。

2

修剪完成的狀態。

纏線・整枝 4月上旬

1

將每根枝條纏線，進行整枝。

2

纏線、整枝完成的狀態。

移植 4月上旬

1

用理根器將根系由上往下鬆開，接著用切根剪將過長的根系剪短。

2

根系修剪完成的狀態。

3

準備缽盆和用土。

※用土＝赤玉土（中顆粒）8：河砂2

4

將金屬線從缽底穿出，接著用鉗子將金屬線折成「U字形」，並往缽底拉到底，再用鉗子剪掉多餘的金屬線。另一側也以相同方式固定。

POINT
缽盆較小，而且缽孔只有一個的時候，用此方法比較簡易輕鬆。

5

移植完成，鋪好青苔的狀態。

修剪 6月中旬

1

新芽伸展的狀態。

2

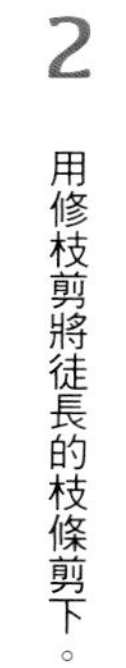

用修枝剪將徒長的枝條剪下。

3

修剪完成的狀態。

※促進開花的訣竅＝摘除新芽前端，施放磷、鉀的固態肥料。

露根　上下18cm　秀山缽

Forsythia suspensa

連翹

檔案

別名：黃花條、連殼、青翹、落翹、黃奇丹
分類：木犀科連翹屬（落葉灌木）
樹形：露根、懸崖、株立、模樣木、斜幹等

備受矚目的早春花朵！樹形創作也充滿魅力

連翹原產於中國，於平安時代傳至日本。在長出新葉之前，會在枝條末梢盛開花朵。發根旺盛，進入梅雨季後，會從枝條的節長出氣根，適合創作成露根，或是用壓條法、扦插法繁殖。可耐刀痕，樹形創作容易。根盤強健，每年可進行兩次移植。照片為大花品種。

作業行事曆

作業	1月	2月	3月	4月	5月	6月	7月	8月	9月	10月	11月	12月
移植			■					■				
扦插						■	■					
摘芽				■	■							
肥料				■	■				■	■		
纏線・拆線					■	■	■	■				

管理重點

放置場所　管理於日照充足，通風良好的場所。若放置於日陰處，會減少開花數量。

澆水　喜愛水分。開花期間注意避免缺水。

肥料　施放固態肥料。

病蟲害　注意介殼蟲、二斑葉蟎。

移植　每年兩次。移植的適合時期為3月、8月。

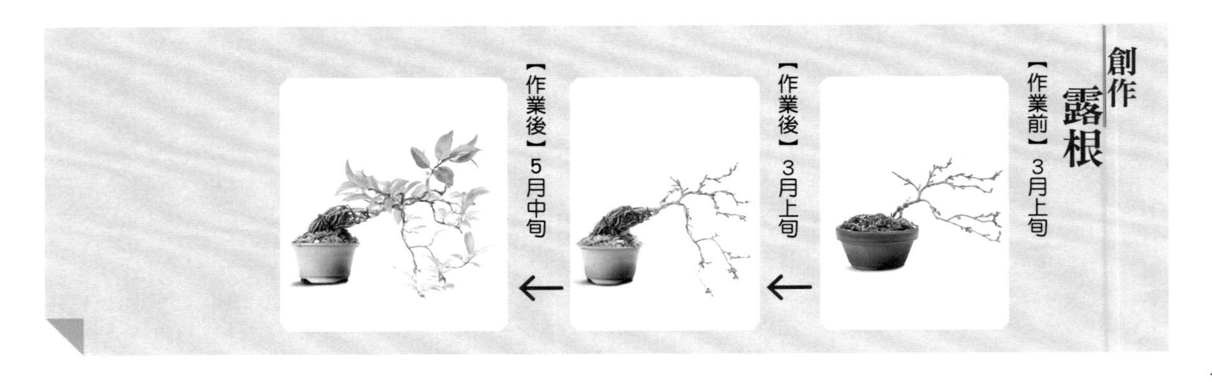

移植 3月上旬

1 根系生長旺盛、互相纏繞的狀態。

2 用理根器從上往下鬆開根系。

3 疏根完成的狀態。

4 用金屬線纏繞並固定根基部。

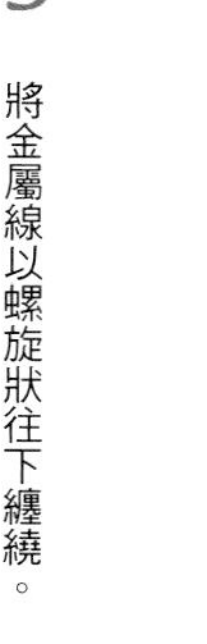

5 將金屬線以螺旋狀往下纏繞。

6 纏線完成的狀態。

7 用切根剪修剪過長的根系。

8 根系修剪完成的狀態。

9

準備缽盆和用土。

※用土＝在赤玉土（中顆粒）8：河砂2中，加入1成比例的竹炭混合。

10

用盛土器將用土倒入缽底，接著放上樹木。

11

POINT

從上方倒入的用土不要混入竹炭。因為浸泡於水桶時竹炭會浮起。

用盛土器將用土從上方倒進去。

※用土＝赤玉土（小顆粒）8：河砂2

12

用竹籤插入土中，減少土壤和根系間的空隙。

13

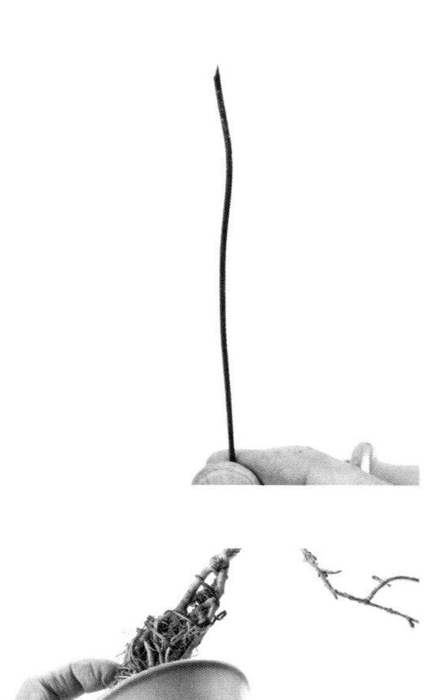

將金屬線的前端用鉗子剪成斜尖狀。

14

從缽底的缽孔穿入13的金屬線。

15

將金屬線從用土表面穿出。

16

使用鉗子將金屬線折成「U字形」。

17 將金屬線往缽底拉到底。

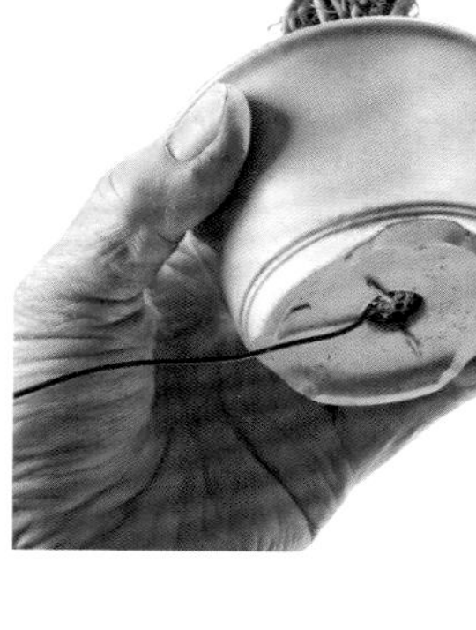

18 將金屬線沿著缽底折起。

19 用鉗子剪掉多餘的金屬線。

20 另外一側也用相同方式（14～19）固定。

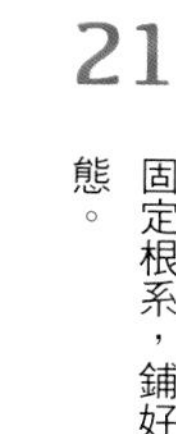

21 固定根系，鋪好青苔後的狀態。

纏線・整枝 5月中旬

1 新芽伸展的狀態。

2 將新芽纏線。

3 纏線、整枝完成的狀態。

※促進開花的訣竅＝摘除新芽前端，不要剔葉。

Cocculus trilobus

青葛藤

檔案

別名：木防己
分類：防己科木防己屬（藤蔓性落葉灌木）
樹形：懸崖、斜幹等

懸崖　上下33cm　左右35cm　青交趾丸缽

有如葡萄般的果實
充滿野趣的樹皮紋理

自生於日本各地的山野。在6月左右會開小巧的黃白色花，到了秋天會結葡萄狀的果實。隨著樹齡增加，樹皮也會出現紋路而變得粗獷，風姿綽約，外型十分好看。英文名為「Snailseed（蝸牛的種子）」，種子的外型獨特。藤蔓幾乎不會變粗，每次移植時可將根部往上提，使根盤露出。

管理重點

放置場所 管理於日照充足，通風良好的場所。

澆水 用土表面乾燥後，施灑大量的水分。

肥料 施放固態肥料。

病蟲害 注意蚜蟲。

移植 每年兩次。移植的適合時期為3～4月、9～10月。

作業行事曆

1月	2月	3月	4月	5月	6月	7月	8月	9月	10月	11月	12月
	移植	■	■	扦插	■	■		■	■	移植	
			摘芽	■	■						
		肥料	■	■			肥料	■	■		
		■	■	■	■	■	■	纏線・拆線			

修剪 4月中旬

1 用修枝剪將枯萎的枝條剪下。

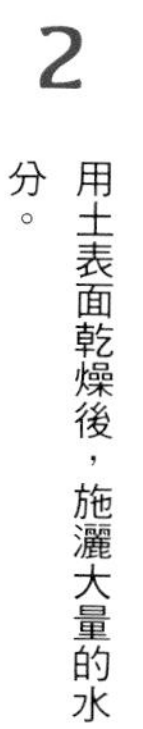

2 用土表面乾燥後，施灑大量的水分。

POINT
將殘留的結果細枝剪下，才能促進開花。

纏線・整枝 4月中旬

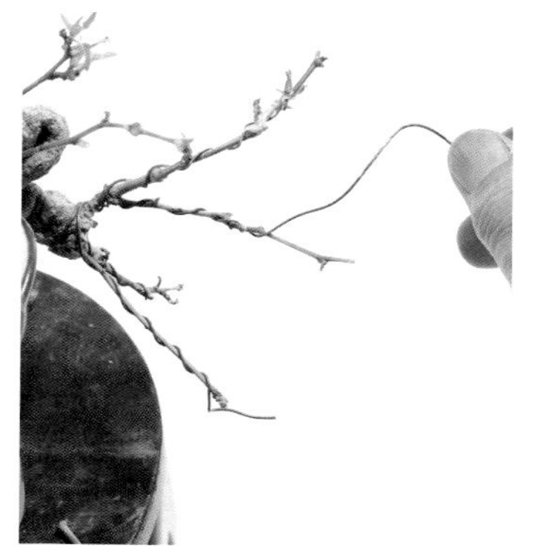

1 將每根枝條纏線後，進行整枝。

2 纏線、整枝完成的狀態。

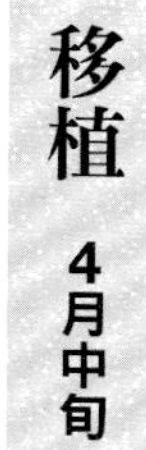

移植 4月中旬

1 用理根器從上往下鬆開根系。

2 用切根剪修剪過長的根系。

3 再次用理根器將根系鬆開，清除用土。

4 疏根完成的狀態。

5

用金屬線纏繞並固定根基部。

6

將金屬線以螺旋狀往下纏繞。最後用鉗子將金屬線扭緊，再將多餘的金屬線剪斷。

7

纏線完成的狀態。

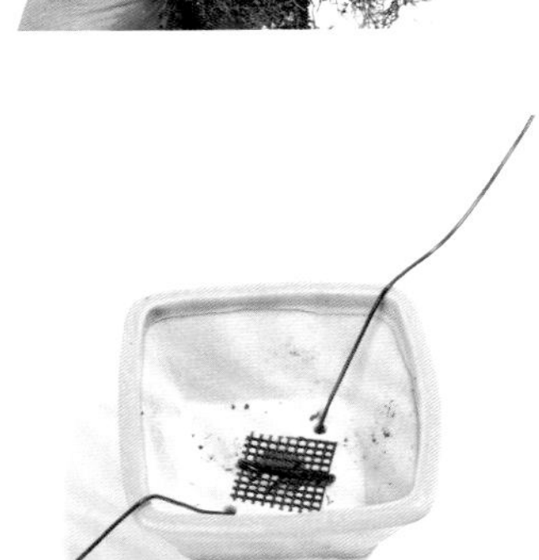

8

準備缽盆和用土。

※用土＝赤玉土（中顆粒）8：河砂2

9

用盛土器將用土從上方倒入。

※用土＝赤玉土（小顆粒）8：河砂2

10

用鑷子（也可以用竹籤）插入土中，減少土壤和根系間的空隙。

11

移植完成，鋪好青苔的狀態。

MEMO

促進結果的訣竅

青葛藤屬於雌雄異株，會在6月中旬開花。從5月開始可增加施肥量。

①將雄樹放在雌樹旁邊，使其自然交配。

②將雄蕊花粉撒在雌樹上。

雌花（圖右）＝會結成果實的雌蕊
雄花（圖左）＝花數和花粉較多

Akebia quinata

木通

檔案

別名：五葉木通、羊開口、野木瓜
分類：木通科木通屬（藤蔓性落葉灌木）
樹形：懸崖、斜幹等

懸崖　上下22cm　虹泉鉢

紫色的獨特果實令人聯想到山野風情

自生於日本的山野。到了4月左右，會開出淡紫色的小花。授粉時，會將三片小葉的「三葉木通」和五片葉子的「五葉木通」互相授粉。到了秋天會結紫色果實，裂開後會露出白色的果肉。藤蔓幾乎不會加粗，每次移植時可將根部往上提，使根盤露出。

管理重點

放置場所 管理於日照充足，通風良好的場所。

澆水 用土表面乾燥後，施灑大量的水分。

肥料 施放固態肥料。

病蟲害 注意白粉病、蚜蟲。

移植 兩年一次。移植的適合時期為3月、9月。

作業行事曆

1月	2月	3月	4月	5月	6月	7月	8月	9月	10月	11月	12月
	移植	移植		扦插	扦插	扦插		移植	移植		
		肥料	肥料	肥料			肥料	肥料	肥料		
	纏線·拆線		纏線·拆線	纏線·拆線	纏線·拆線	纏線·拆線					

MEMO

促進結果的訣竅

用鑷子夾取雄花。

將雄花的花粉刷在雌花的頂端。

4月中旬開花後，就可以根據下列方式重複進行人工交配授粉。

- 五葉木通（雄花）×三葉木通（雌花）
- 三葉木通（雄花）×五葉木通（雌花）

三葉木通

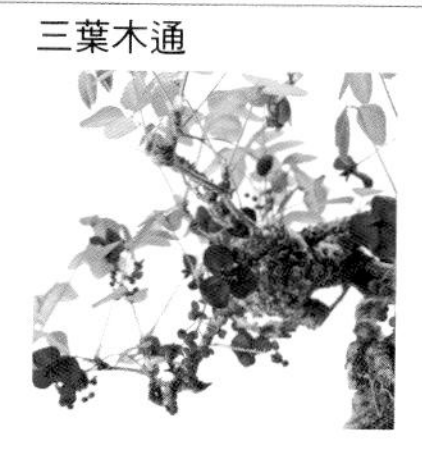

雌花　雄花

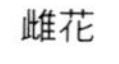

五葉木通

雌花　雄花

Ficus erecta

矮小天仙果

檔案

別名：牛乳榕、牛乳房、牛乳婆、假枇杷、毛天仙果
分類：桑科榕屬（落葉小喬木）
樹形：株立、斜幹、風翩等

黑紫色的果實充滿魅力 修長典雅的枝條風情

自生於日本關東以西的本州、四國、九州的溫暖地區。分成細葉種和圓葉種，細葉種比較容易塑造樹形且受到歡迎。到了初夏，會在葉子旁長出有如綠色果實般的小圓球，其實這並非果實而是花朵。到了秋天，便會轉變成有如藍莓般的黑紫色。

株立　上下20cm　中國缽

作業行事曆

作業	1月	2月	3月	4月	5月	6月	7月	8月	9月	10月	11月	12月
移植			■						■			
扦插						■	■					
切芽					■	■						
肥料				■	■				■	■		
纏線・拆線			■	■	■	■	■	■				

管理重點

放置場所 管理於日照充足，通風良好的場所。夏季搭寒冷紗遮光，冬季移動至屋簷下。

澆水 用土表面乾燥後，施灑大量的水分。夏季一天兩次，冬季兩天一次。

肥料 施放多量的固態肥料。

病蟲害 注意赤星病。

移植 每年兩次。移植的適合時期為3月、9月。

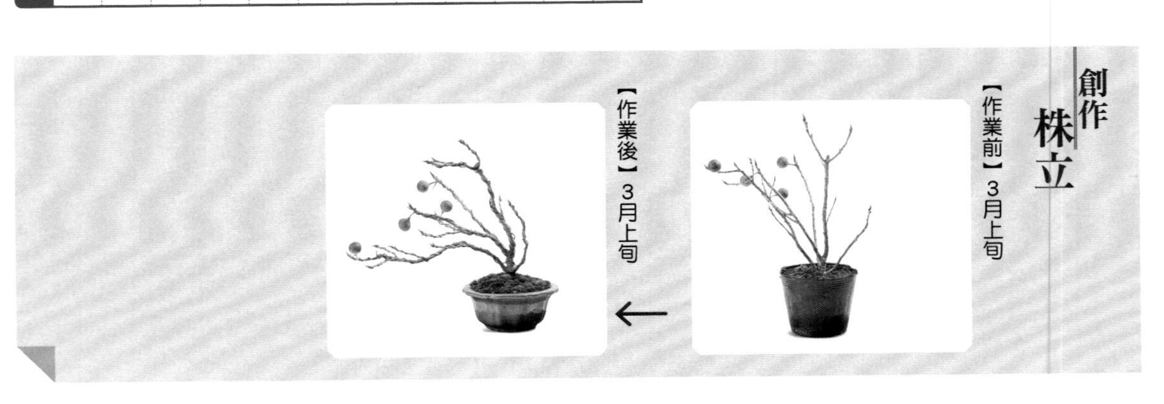

纏線・整枝 3月上旬

1 將每根枝條進行纏線，接著將枝條彎曲至左側，整枝成有如隨風翩翩搖曳般的樣子。

POINT 也有抑制樹液分泌的效果。

2 如果樹幹上有切痕，可用抹刀（或是竹片）塗抹癒合促進劑。

移植 3月上旬

1 用切根剪將根系橫向修剪。

2 用叉枝剪修剪主根。

3 根系修剪完成的狀態。

※之後的作業詳細步驟➡p.37

※用土＝赤玉土（中顆粒）8：河砂2

4 移植完後鋪上青苔的狀態。

切芽 5月中旬

1 用修枝剪將伸長的芽剪下。

MEMO

促進結果的訣竅

矮小天仙果為雌雄異株。看起來有如果實般的圓球（右圖），其實是花朵。

交配形式特殊，寄生於花囊的榕小蜂，會將花粉當做媒介使其結果。

到了5月中旬就會長出小果實，秋天會轉為黑紫色。

Ilex serrata

落霜紅

檔案

別名：硬毛冬青
分類：冬青科冬青屬（落葉灌木）
樹形：雙幹、斜幹、模樣木、株立、合植等

模樣木　上下8cm　伊萬里缽

鮮紅的小巧果實很可愛！需要費心防範鳥類

從秋季到隔年1月，可長期間欣賞豔紅的小小果實。偶爾會出現稀少的黃色或白色果實。促進結果實的訣竅，就在於將雄樹和雌樹擺放在鄰近位置。落霜紅的果實極受到鳥兒的喜愛，因此將樹木放入有遮網的籃子中，是比較有效的防範鳥類方式。

作業行事曆

作業	1月	2月	3月	4月	5月	6月	7月	8月	9月	10月	11月	12月
移植			移植									
摘芽				摘芽	摘芽							
肥料							肥料	肥料	肥料			
纏線・拆線	纏線・拆線	纏線・拆線			纏線・拆線							纏線・拆線

管理重點

放置場所　管理於日照充足，通風良好的場所。避免新芽覆蓋晚霜。夏季午後應放置於半日照位置，冬季則移動至屋簷下。

澆水　缺水時會使結果狀況變差。結果後應澆灑大量水分。

肥料　施放固態肥料。

病蟲害　注意介殼蟲、蚜蟲、黑星病。

移植　兩年一次。最適合移植的時期為3～4月上旬。

修剪 4月上旬

1 用修枝剪將擾亂樹形的枝條剪下。

2 用修枝剪將殘枝剪下。

3 修剪枝條後，用抹刀（或是竹片）在切口塗抹癒合促進劑。

移植 4月上旬

1 使用理根器將根系從上往下鬆開。

2 用切根剪將過長的根系修剪完成的狀態。

3 準備缽盆和用土。

※用土＝赤玉土（中顆粒）8：河砂2

4 從缽底的缽孔穿入金屬線，再用鉗子將多餘金屬線剪掉。另一側也用同方式固定。用鉗子將金屬線分別扭緊於兩處。

※作業的詳細步驟➡p.37

5 移植完成，鋪好青苔的狀態。

※促進結果的訣竅＝落霜紅為雌雄異株。①將雄樹放在雌樹旁，使其自然交配。②將雄樹的花粉撒在雌樹上。③用鑷子摘下雄蕊，刷在雌蕊上人工交配。

Viburnum dilatatum

莢蒾

檔案

別名：槳迷、槳
分類：五福花科莢蒾屬（落葉灌木）
樹形：斜幹、模樣木、懸崖等

半懸崖　上下20cm　美功缽

小巧的鮮紅果實
充滿野趣的風韻

自生於日本的山野及丘陵地。每到5月，白色小花聚集成圓形狀盛開，可於秋天欣賞到紅色的果實。果實為黃色的黃果實莢蒾也很受歡迎。和其他樹木交配可促進結果。枝條會隨著樹齡增加而變得堅硬，應趁幼木時期儘早纏線，以創作樹形。

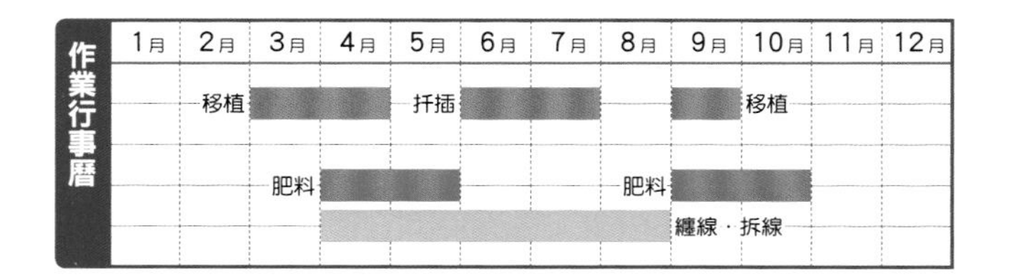

作業行事曆	1月	2月	3月	4月	5月	6月	7月	8月	9月	10月	11月	12月
		移植			扦插					移植		
			肥料					肥料				
									纏線・拆線			

管理重點

放置場所 管理於日照充足，通風良好的場所。

澆水 用土表面乾燥後，應澆灑大量水分。夏季分早晚兩次澆水。

肥料 施放固態肥料。

病蟲害 注意褐斑病、白粉病、介殼蟲、金花蟲。

移植 兩年一次。移植的適合時期為3～4月、9月。

移植至襯托樹形的缽盆

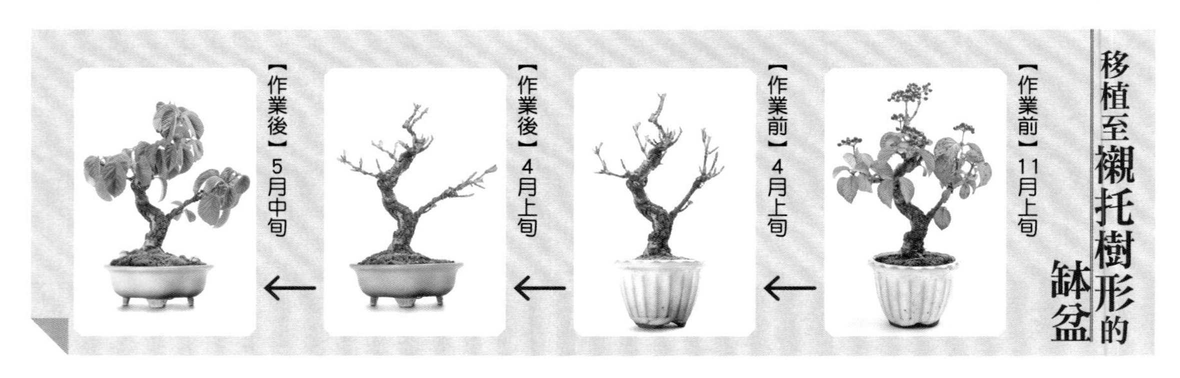

纏線・整枝 4月上旬

1 將每根枝條纏線，進行整枝。

2 纏線、整枝完成的狀態。

移植 4月上旬

1 用切根剪將根系以橫向修剪。

2 用切根剪將根系以縱向修剪。

3 用理根器從上往下鬆開根系。

4 疏根完成的狀態。

5 準備缽盆和用土。

※用土＝赤玉土（中顆粒）8：河砂2

6 移植完成，鋪好青苔的狀態。

※促進結果的訣竅＝開花後，可將其他莢蒾的花粉沾在雌蕊上。

Pourthiaea villosavar. laevis

毛石楠

檔案

別名：小葉石楠
分類：薔薇科石楠屬（落葉小喬木）
樹形：斜幹、模樣木、株立、懸崖、合植等

半懸崖　樹高18cm　鴻陽缽

盛開於枝條上的豐碩果實 也能欣賞紅葉和黃葉

自生於日本各地的山地和丘陵。5月會開白花，到了秋天形成紅色果實，有紅葉及黃葉兩種狀態可欣賞。木質堅硬，可用來製作鐮刀的柄，因此在日本尚有「鐮柄」之稱。而其別名「殺牛樹」，則取自於若牛隻的角誤插入於枝條之間，就會因拔不出來而致命之意。果實數量多，在果實尚未轉紅時可進行摘果（疏果）。

管理重點

放置場所 從開花到結果的期間，應給予充足日照。夏季避免西曬，冬季應移動至屋簷下。

澆水 夏季注意缺水。

肥料 施放固態肥料。

病蟲害 注意捲葉蛾。

移植 兩年一次。最適合移植的時期為3～4月、9月。

作業行事曆

作業	1月	2月	3月	4月	5月	6月	7月	8月	9月	10月	11月	12月
移植			移植	移植					移植			
摘芽・摘果				摘芽	摘芽	摘芽		摘果			摘果	
肥料				肥料						肥料	肥料	
纏線・拆線				纏線・拆線	纏線・拆線	纏線・拆線					纏線・拆線	纏線・拆線

修剪 4月上旬

1

使用修枝剪將擾亂樹形的枝條（直立枝條）剪下。

2

用修枝剪將擾亂樹形的枝條（往前伸長的枝條）剪下。

3

修剪枝條後，用抹刀（或是竹片）在切口塗抹癒合促進劑。

纏線・整枝 4月上旬

1

將每根枝條纏線，進行整枝。

2

纏線、整枝完成的狀態。

移植 4月上旬

1

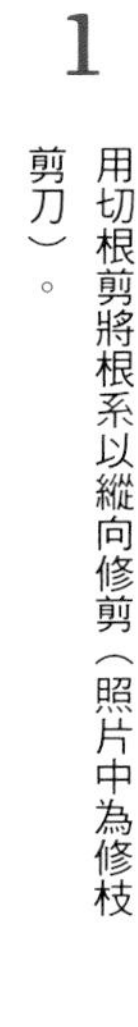
用切根剪將根系以縱向修剪（照片中為修枝剪刀）。

2

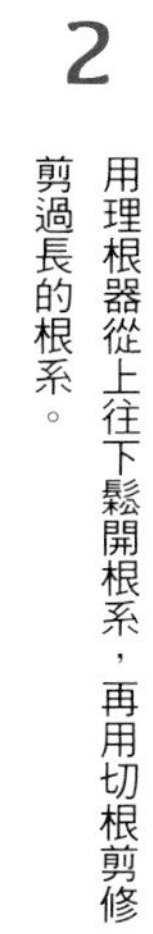
用理根器從上往下鬆開根系，再用切根剪修剪過長的根系。

3

根系修剪完成的狀態。

4

準備缽盆和用土。

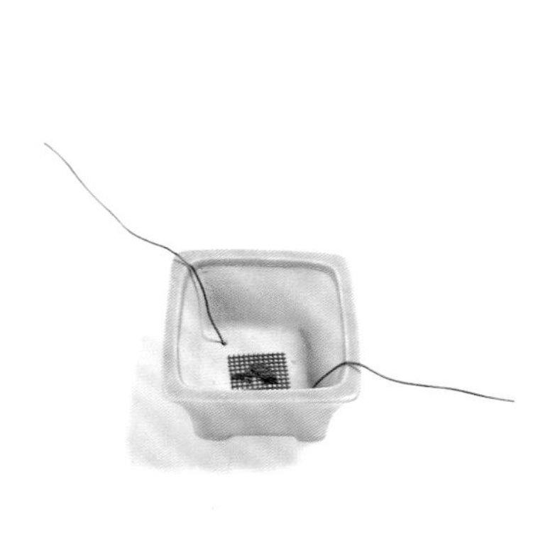

※用土＝赤玉土（中顆粒）8：河砂2

5

用盛土器將用土放入缽底。放入樹木，接著再將用土從上方倒入。

※用土＝赤玉土（小顆粒）8：河砂2

6

移植完成，鋪好青苔的狀態。

※促進結果的訣竅＝只要注意澆水時不要澆在花上，什麼都不用做也能結果纍纍。

Pseudocydonia sinensis

木瓜海棠

檔案

別名：毛葉木瓜、木桃、木梨、花梨
分類：薔薇科木瓜屬（落葉中喬木）
樹形：直幹、斜幹、模樣木、株立、懸崖等

模樣木　上下17cm　月香缽

金黃色的偌大果實！茁壯的枝條也是魅力所在

原產於中國，據說是從平安時代傳來日本。被譽為「果實盆栽的王者」，粗壯枝條的勇壯風貌為魅力所在。盆栽的評價來自於結果實的位置。花色為美麗的深粉紅色，樹皮呈現紋路模樣，黃葉也很值得鑑賞。

作業行事曆

作業	1月	2月	3月	4月	5月	6月	7月	8月	9月	10月	11月	12月
移植		●							●			
切芽				●	●	●						
肥料				●	●	●			●	●		
纏線・拆線				●	●	●					●	●

管理重點

放置場所　管理於日照充足，通風良好的場所。夏季搭寒冷紗遮光。具有耐寒性。

澆水　喜愛水分。夏季注意缺水。

肥料　施放固態肥料。

病蟲害　注意赤星病。可於春季施灑藥劑預防。

移植　兩年一次。移植的適合時期為2月、9月。

MEMO

注意赤星病！

當溫度達到20℃以上，就會使赤星病的病菌開始飛散。

由於此病經常發生於4月中旬，因此可於4月上旬施殺菌劑預防。

移植
2月中旬

1 用理根器從上往下鬆開根系。

2 疏根完成的狀態。

3 用切根剪修剪過長的根系。

4 根系修剪完成的狀態。

5 準備缽盆和用土。

※用土＝在赤玉土（中顆粒）中，加入1成比例的竹炭混合。

6 用盛土器將用土放入缽底。接著放入樹木。

7

若根系向上浮起時，可用金屬線纏繞於樹幹周圍。

8

扭緊金屬線。

9

用鉗子將金屬線較長的部分剪斷。

10

從表面按壓土壤。

POINT
按壓浮起的根系。

11

先從缽底穿入金屬線，再用鉗子將金屬線折成「U字形」。

12

將金屬線往缽底拉到底，並沿著缽底折起。

13

用鉗子扭緊金屬線，固定樹木，再用鉗子將多餘的金屬線剪斷。

14

POINT

從上方倒入的用土不要混入竹炭。因為浸泡於水桶時竹炭會浮起。

用盛土器將用土從上方倒入再用竹籤（也可以用鑷子）插入土中，減少土壤和根系間的空隙。

※用土＝赤玉土（小顆粒）8：河砂2

將水苔拉成繩狀後覆蓋

2月中旬

1

將泡水後的水苔拉開成繩狀。

2

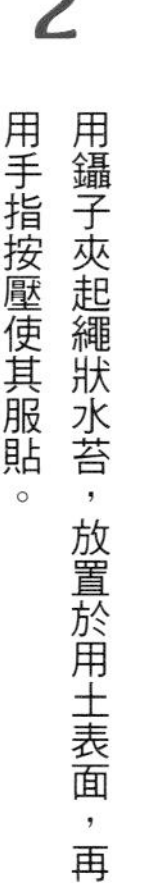

用鑷子夾起繩狀水苔，放置於用土表面，再用手指按壓使其服貼。

3

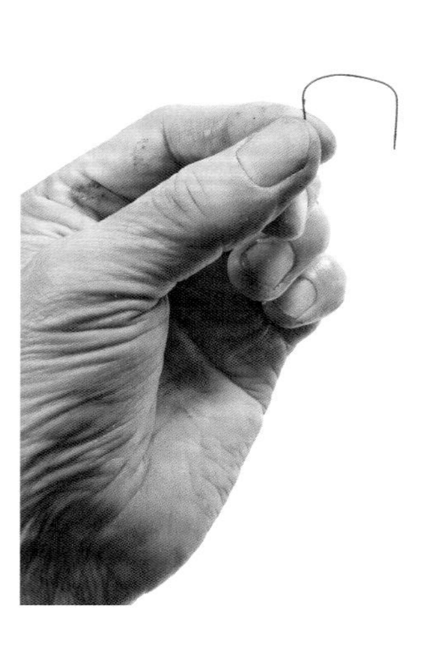

將細金屬線彎成「U字形」。

4

將「U字形」的金屬線壓入缽緣，固定水苔。

※為了使照片清楚明瞭，因此使用較粗的金屬線。

5

移植完成，鋪好水苔的狀態。

MEMO

樹皮剝落也沒關係嗎？

有時候樹皮也會自動剝落。這只是一般的生長現象，不需要擔心，放任其生長即可。

切芽 6月中旬

POINT
從4月開始，應重複進行切芽作業。

1

新芽伸展的狀態。

2

用修枝剪將伸長的芽剪下。

3

切芽完成的狀態。

MEMO

促進結果的訣竅

於4月上旬開花，到了5月中旬結果。

木瓜海棠為雌雄異株，也是能自然交配的樹木。先用鑷子摘下雄蕊，再刷在雌蕊上進行人工交配，就能確實促進結果。

Elaeagnus pungens

胡頹子

檔案

別名：半春子、甜棒槌、雀兒酥、羊奶子、寒茱萸
分類：胡頹子科胡頹子屬（常綠灌木）
樹形：斜幹、模樣木、株立、半懸崖等

模樣木　上下19cm　香葉缽

下垂的朱紅色果實是冬天重要的常綠樹

自生於日本本州中部以西。光是自生於日本的種類，就多達十五種之多。其中較常創作成盆栽的苗代茱萸。花朵為白色或淡黃色，開花後絕對會結果實。到了11月左右，會開始長出下垂的朱紅色果實，可欣賞果實風貌直到3月為止。

管理重點

放置場所 管理於日照充足，通風良好的場所。夏季避免直射陽光，冬季應移動至屋簷下。

澆水 喜愛水分。用土表面乾燥後，應澆灑大量水分。

肥料 施放固態肥料。從開花至結果的期間不需要施肥。

病蟲害 注意蚜蟲、二斑葉蟎、介殼蟲。結果後可搭起驅鳥網避免鳥害。

移植 每年一次。移植的適合時期為3～4月、9月。

作業行事曆

作業	1月	2月	3月	4月	5月	6月	7月	8月	9月	10月	11月	12月
剔葉		●	●			●	●					
移植			●	●					●			
摘芽				●	●	●	●	●				
切芽					●	●	●	●				
肥料					●	●			●	●	●	
纏線		●	●									
拆線										●		

剔葉 3月上旬

1 用剔葉剪從葉片基部剪下。

POINT
常綠闊葉樹應進行剔葉。由於上方的葉片生長勢較強，因此為了能使樹木長出整齊的新芽，需進行剔葉。

2 剔葉完成的狀態。

纏線・整枝 3月上旬

1 將每根枝條進行纏線和整枝。

2 纏線、整枝完成的狀態。

移植 3月上旬

1 使用理根器從上往下將根系鬆開。

2 用切根剪修剪過長的根系。

3 根系修剪完成的狀態。

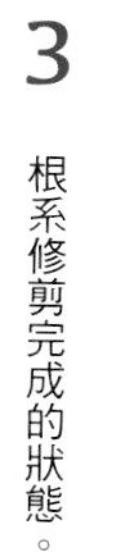

4 準備缽盆和用土。

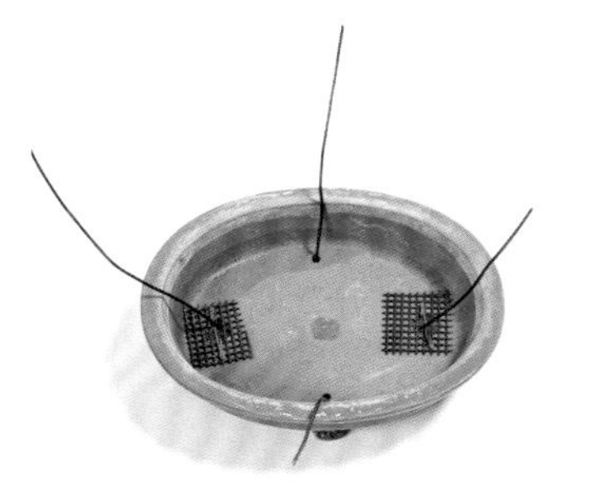

※用土＝在赤玉土（中顆粒）8：河砂2中，加入1成比例的竹炭混合。

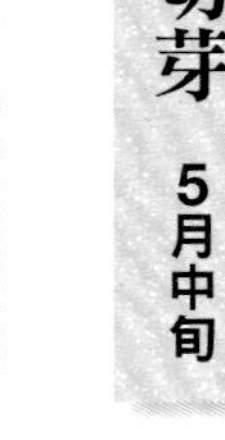

切芽　5月中旬

1

新芽伸展的狀態。

2

用修枝剪將過長的芽剪下。

3

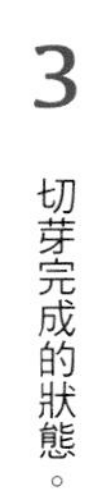

切芽完成的狀態。

MEMO

促進結果的訣竅

將許多種類的胡頹子放在一起，就能促進結果。

胡頹子並沒有雄花、雌花之分。

5

放上樹木，用盛土器將用土倒入缽底。用鉗子將金屬線以十字扭緊，固定樹木。再用鉗子將剩下的金屬線剪斷。

6

POINT

從上方倒入的用土不要混入竹炭。因為浸泡於水桶時竹炭會浮起。

用盛土器從上方倒入用土。

※用土＝赤玉土（小顆粒）8：河砂2

7

用竹籤（也可以用鑷子）插入土中，減少土壤和根系間的空隙。

8

移植完成，鋪好青苔的狀態。

Fortunella hindsii

山橘

檔案

別名：金豆、豆金柑、山金豆
分類：芸香科金橘屬（常綠灌木）
樹形：模樣木、懸崖等

露根　上下15cm　日本六角缽

有如豆子般的黃色果實撩起山村的鄉愁

原產於中國。是小型柑橘（金桔）的一種，日文名稱「金豆」來自於「金色的柚子」。屬於暖地性的樹種，耐炎熱卻不耐寒冷。樹幹很容易就能呈現出古木感，樹木模樣具有風格。若天氣持續在三十度以上就能開花，開花後一定會結果實。可長期間欣賞橙色的圓形果實。

管理重點

放置場所 春～秋季給予充足日照，12月內應移動至室內。放置於日照良好的位置管理。

澆水 喜愛水分。夏季注意避免缺水。

肥料 施放固態肥料。

病蟲害 注意捲葉蟲、黑斑病。

移植 兩年一次。最適合移植的時期為5月。

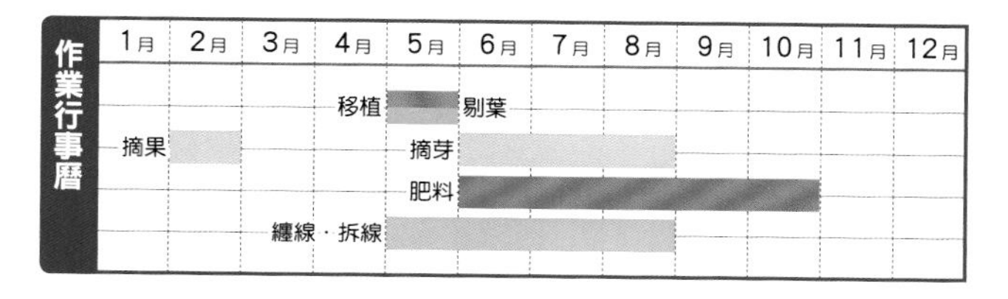

作業行事曆

作業	1月	2月	3月	4月	5月	6月	7月	8月	9月	10月	11月	12月
移植					■							
剔葉					■							
摘果		■										
摘芽						■	■	■				
肥料						■	■	■	■	■		
纏線・拆線					■	■	■	■				

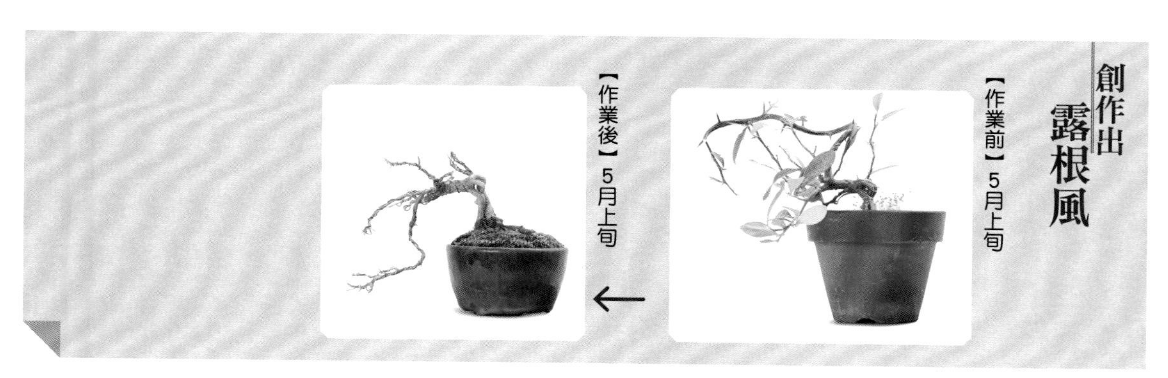

剔葉 5月上旬

1

用剔葉剪從葉片基部剪下。

2

剔葉完成的狀態。

修剪 5月上旬

1

用修枝剪將擾亂樹形的「犧牲枝」剪下。

POINT

所謂「犧牲枝」，是指為了養樹幹或拉抬樹勢而暫時使其生長的枝條。

2

「犧牲枝」修剪完成的狀態。

3

用抹刀（或是竹片）在枝條的切口塗抹癒合促進劑。

纏線・整枝 5月上旬

1

將每根枝條進行纏線和整枝。

2

纏線、整枝完成的狀態。

移植 5月上旬

1

用理根器從上往下鬆開根系。

2

將金屬線以螺旋狀往下纏繞。最後用鉗子將金屬線扭緊，再將多餘的金屬線剪斷。

3

準備缽盆和用土。

※用土＝赤玉土（中顆粒）8：河砂2

4

用盛土器將用土從上方倒入。

※用土＝赤玉土（小顆粒）8：河砂2

5

移植完成，鋪好青苔的狀態。

※促進結果的訣竅＝山橘為雌雄同株。開花後一定會結果實。夏季應放置於日照良好，30℃以上的位置管理，並增加施肥量。

Euonymus alatusf. ciliatodentatus.

小真弓

檔案

別名：—
分類：衛矛科衛矛屬（落葉灌木）
樹形：斜幹、雙幹、懸崖、模樣木、株立等

斜幹　上下18cm　左右34cm　鴻陽缽

裂開的紅色種子
樹幹的古木感充滿魅力！

自生於北海道至九州。果實成熟後會裂開，垂下一顆顆紅色的種子。到了秋天，葉片會從黃色轉為紅色，最後呈現出豔紅的美麗樣貌。樹幹會隨著樹齡增加而變得堅硬，應在幼木時期創作樹形。特徵是樹幹容易變粗，可輕易呈現出古木風韻。

作業行事曆	1月	2月	3月	4月	5月	6月	7月	8月	9月	10月	11月	12月
移植			移植	移植								
摘芽				摘芽	摘芽	摘芽						
肥料					肥料	肥料			肥料	肥料		
纏線・拆線	纏線・拆線	纏線・拆線	纏線・拆線	纏線・拆線	纏線・拆線							纏線・拆線

管理重點

放置場所　管理於日照充足，通風良好的場所。夏季進行遮光，冬季應移動至屋簷下。

澆水　用土表面乾燥後，再澆灑大量水分。澆水過量會引起根系腐爛。

肥料　施放固態肥料。

病蟲害　注意蚜蟲、介殼蟲。

移植　兩年一次。移植的適合時期為3月中旬～4月。

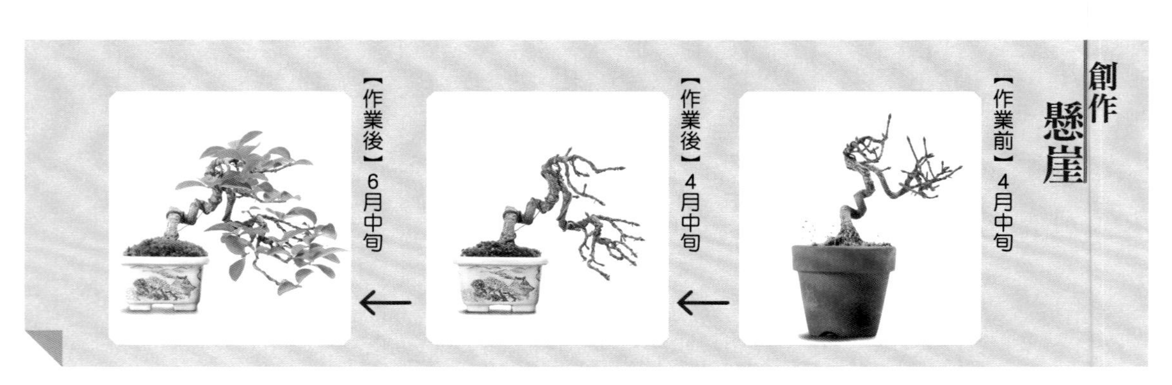

纏線・整枝 4月中旬

1 將每根枝條進行纏線和整枝。

2 纏線、整枝完成的狀態。

移植 4月中旬

1 用切根剪修剪根系的上部。

2 用切根剪將根系從橫向修剪。

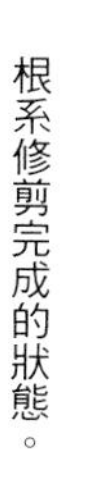

3 根系修剪完成的狀態。

4 準備缽盆和用土。

※用土＝赤玉土（中顆粒）8：河砂2

5 移植完成，鋪好青苔的狀態。

MEMO

促進結果的訣竅

小真弓為雌雄同株。會在新長出的短枝條前端開花。將徒長枝條留下兩個左右的芽，使其長出短枝條，就能結出果實。

和衛矛放在一起栽培，更能促進結果。

Crataegus cuneata

野山楂

檔案

別名：日本山楂
分類：薔薇科山楂屬（落葉灌木）
樹形：懸崖、文人木、模樣木、斜幹等

半懸崖　上下15cm　左右30cm　中國缽

小巧可愛的紅色果實 果實也可當作藥材

原產於中國，很早就傳入日本。紅色的重瓣花朵無法結果，而紅色或白色的單瓣花朵可結出果實。照片中為單瓣的白花。可在2月下旬欣賞紅色的果實，此果實也經常被當作藥材或加工成果乾。樹木性質強健，新手也能輕鬆栽培。

管理重點

放置場所　管理於日照充足，通風良好的場所。夏季需進行遮光，耐冬季寒冷。

澆水　用土表面乾燥後，再澆灑大量水分。開花期應避免缺水。

肥料　施放固態肥料。

病蟲害　注意蚜蟲、介殼蟲。

移植　兩年一次。移植的適合時期為3月、9月。

作業行事曆

1月	2月	3月	4月	5月	6月	7月	8月	9月	10月	11月	12月
	移植						移植				
	摘果	摘芽									
			肥料				肥料				
纏線・拆線				纏線・拆線						纏線・拆線	

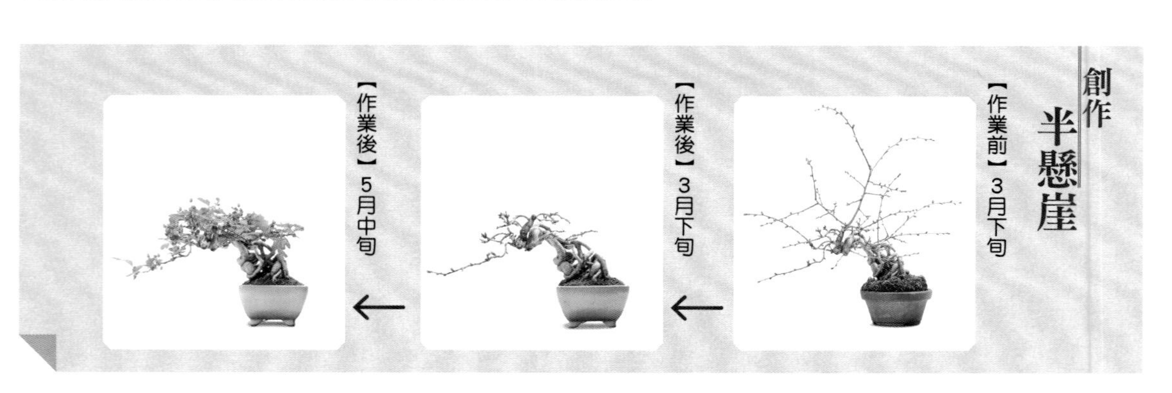

修剪 3月下旬

1 用修枝剪將擾亂樹形的車輪枝剪下。

2 用修枝剪將擾亂樹流的逆枝剪下。

POINT
於切口塗抹癒合促進劑。

3 修剪完成的狀態。

移植 3月下旬

1 用切根剪以縱向剪開根系。

POINT
一開始先將纏繞的根系剪斷，較容易鬆開。

2 用理根器從上往下鬆開根系。

3 疏根完成的狀態。

修剪 5月中旬

1

枝條伸展的狀態。

2

用修枝剪將徒長枝條剪下。

3

修剪完成的狀態。

4

準備缽盆和用土。

※用土＝在赤玉土（中顆粒）8：河砂2中，加入1成比例的竹炭混合。

5

移植完成，鋪好青苔的狀態。

MEMO

促進結果的訣竅

於6月上旬可將會結大顆果實的花，和小果實的花進行人工交配，就能促進結果。

野山渣為雌雄同株，自然交配也會結果實。

型態不同的花

雌花　雌花

Pyracantha angustifolia

窄葉火棘

檔案

別名：狀元紅、橘擬
分類：薔薇科火棘屬（常綠灌木）
樹形：株立、斜幹、模樣木、懸崖等

株立　上下16cm　東福寺

會結出橙黃色的果實 果實和枝條具有尖刺

原產於歐洲和亞洲。日本和名為橘擬，屬於火棘類。火棘屬「*Pyracantha*」在拉丁語中有「火之刺棘」之意，果實和枝條帶有尖刺，作業時要加以注意。於初夏集中盛開白色花朵，開花後一定會結果實。

管理重點

放置場所 管理於日照充足，通風良好的場所。具有耐暑性、耐寒性。

澆水 用土表面乾燥後，再澆灑大量水分。

肥料 施放固態肥料。

病蟲害 注意蚜蟲、介殼蟲、毛蟲。結果實的時期需要防除鳥類。

移植 兩年一次。最適合移植的時期為2～4月。

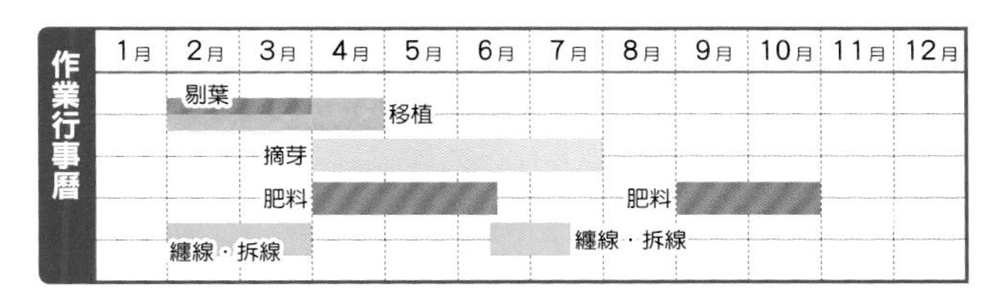

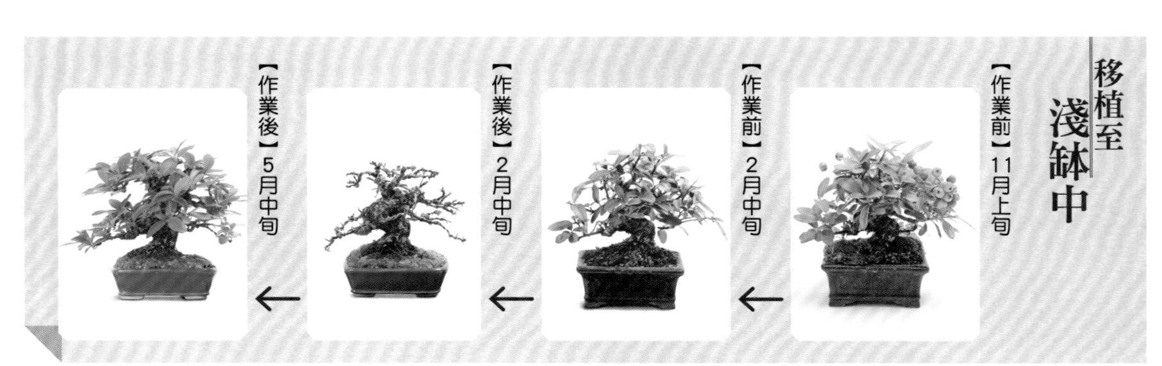

剔葉 2月中旬

1 用剔葉剪刀將葉片從基部剪下。

POINT

進入4月後會一齊長新芽。若沒有進行剔葉，植株只會在生長勢較強的位置長出新芽。

2 剔葉完成的狀態。

修剪 2月中旬

1 用修枝剪將多餘的枝條（枯枝等）剪下。

2 用抹刀（或是竹片）在切口塗抹癒合促進劑。

纏線・整枝 2月中旬

1 將每根枝條進行纏線和整枝。

POINT

將枝條往下垂，就能呈現出老樹氛圍。

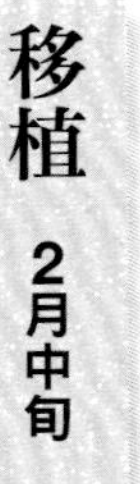

移植 2月中旬

1 用理根器將根系的下半部鬆開。

2
用切根剪將過長的根系修剪。

3
根系修剪完成的狀態。

4
準備缽盆和用土。

※用土＝在赤玉土（中顆粒）中，加入1成比例的竹炭混合。

5
用盛土器將用土倒入缽底。

6
接著再將用土從上方倒入。

POINT
從上方倒入的用土不要混入竹炭。因為浸泡於水桶時竹炭會浮起。

※用土＝赤玉土（小顆粒）8：河砂2

7
用竹籤（也可以用鑷子）插入土中，減少土壤和根系間的空隙。

8

用鉗子扭緊金屬線固定樹木，再用鉗子將剩下的金屬線剪斷。

9

水桶內放水，將盆栽浸泡至缽盆的上側邊緣，使盆栽從下方吸水，接著再將水瀝乾。

於水苔表面覆蓋細網 2月中旬

1

將泡過水的水苔用手稍微擰乾，接著用修枝剪剪成小段。

2

用鑷子將水苔鋪在用土表面。

3

用手指輕壓水苔，使其服貼。

4

將細金屬線彎成「U字形」。

5

將剪成一公分寬的細網鋪在用土表面，接著將步驟4彎成「U字形」的金屬線插在數個位置上。

6

細網覆蓋至轉角時，再將其稍微折起，繼續覆蓋於整個用土表面。

7

移植完成，鋪好水苔和細網的狀態。

8

到了5月就會長出葉子。

MEMO

促進結果的訣竅

短枝條會長出花芽，並且於隔年開花。修剪時務必要注意別剪到花芽。

窄葉火棘為雌雄同株。任其自然交配便可結果。

懸崖　上下15cm　左右30cm　美藝缽

Euonymus oxyphyllus

垂絲衛矛

檔案

別名：吊花
分類：衛矛科衛矛屬（落葉灌木）
樹形：懸崖、半懸崖、文人木等

有如風鈴般的果實
纖細樹幹的優美姿態

自生於日本全國。雖然是中國及朝鮮半島的溫暖系樹木，卻非常耐寒冷，在北海道的行道樹也可見其蹤影。紅色果實裂開後，會垂吊著朱紅色的種子，隨風搖曳的姿態實為優美。和西博氏衛矛、小真弓都同為衛矛屬，果實的外型也很相似。枝條數量較少，適合樹幹較纖細的樹形。

管理重點

放置場所 管理於日照充足，通風良好的場所。夏季應進行遮光。

澆水 用土表面乾燥後，再澆灑大量水分。生長期應注意避免過濕。

肥料 施放固態肥料。

病蟲害 注意蚜蟲、介殼蟲、黑斑病。可定期殺菌以預防病蟲害。

移植 兩年一次。最適合移植的時期為3～4月。

作業行事曆

1月	2月	3月	4月	5月	6月	7月	8月	9月	10月	11月	12月
				移植・扦插							
		摘芽									
		肥料					肥料				
							纏線・拆線				

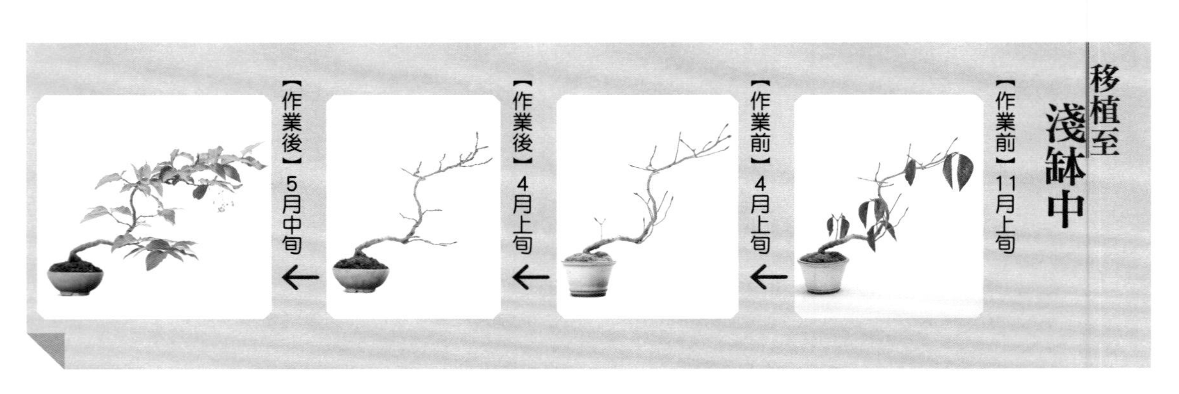

修剪 4月上旬

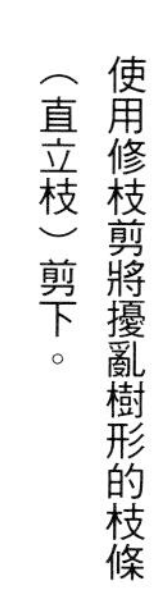

1 使用修枝剪將擾亂樹形的枝條（直立枝）剪下。

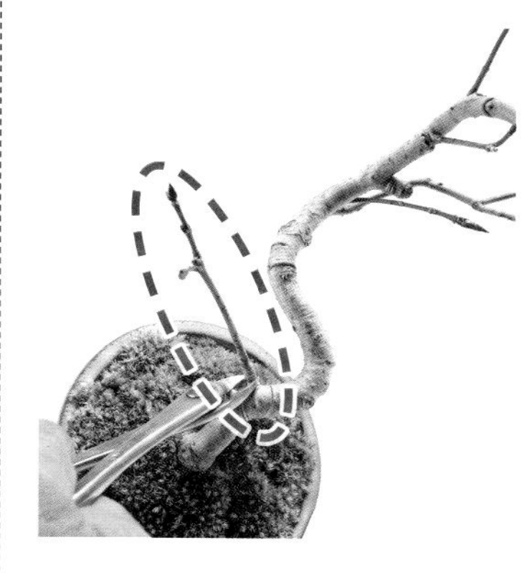

2 用抹刀（或是竹片）在切口塗抹癒合促進劑。

纏線・整枝 4月上旬

1 將每根枝條纏線，進行整枝。

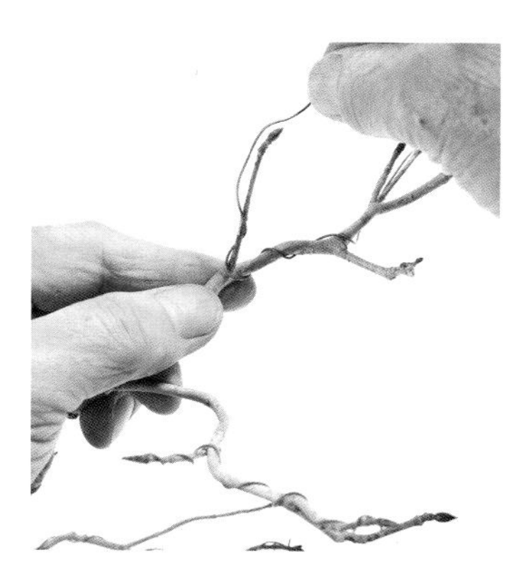

2 纏線、整枝完成的狀態。

移植 4月上旬

1 從盆器中取出的狀態。

2 準備缽盆和用土。

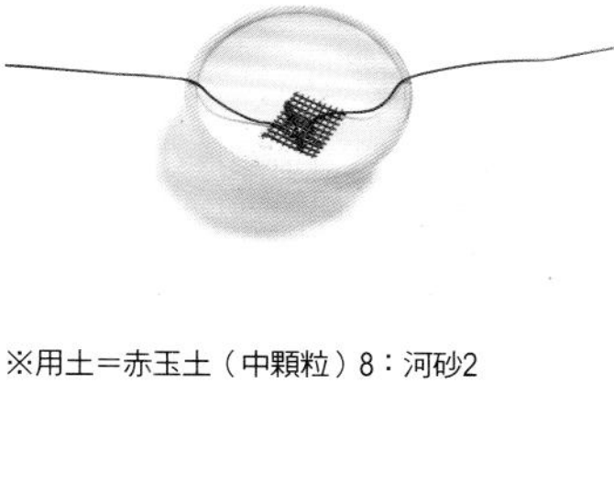

※用土＝赤玉土（中顆粒）8：河砂2

3 移植完成，鋪好青苔的狀態。

MEMO

促進結果的訣竅

垂絲衛矛為雌雄同株。會在5月中旬開花，進行自家授粉，到了6月中旬會開始結出小巧的果實。

celastrus orbiculatus

南蛇藤

懸崖　上下10cm　左右15cm　祥石丸缽

檔案

別名：過山風、香龍草
分類：衛矛科南蛇藤屬（藤蔓性落葉灌木）
樹形：懸崖、風翩、模樣木、文人木、露根等

自然裂開的黃色果實
藤蔓性也能呈現出古木感

自生於日本、朝鮮半島、千島列島南部。黃色的果實裂開後，會露出朱紅色的種子。雖然屬於蔓性植物，不過隨著樹齡增加而木質化的樹幹，也能呈現出古樹風韻。分枝成細小枝條的落葉寒樹，也是魅力之處。從黃色轉變為橙色的黃葉也很值得鑑賞。創作成根伏或露根樹形，就能欣賞其變化多端的樹姿。

作業行事曆

	1月	2月	3月	4月	5月	6月	7月	8月	9月	10月	11月	12月
移植			■	■								
切芽				■	■	■	■					
肥料				■	■	■			■	■		
纏線			■	■	■	■	■					
拆線									■			

管理重點

放置場所 管理於日照充足、通風良好的場所，在日陰處會減少結果數量。過了梅雨季至夏季期間，可移動至半日照的位置。

澆水 喜愛水分。用土表面乾燥後，再澆灑大量水分。夏季每日可澆水二至三次。

肥料 施放固態肥料。

病蟲害 注意蚜蟲、介殼蟲。

移植 兩年一次。移植的適合時期為3～4月。

移植至盆栽缽中

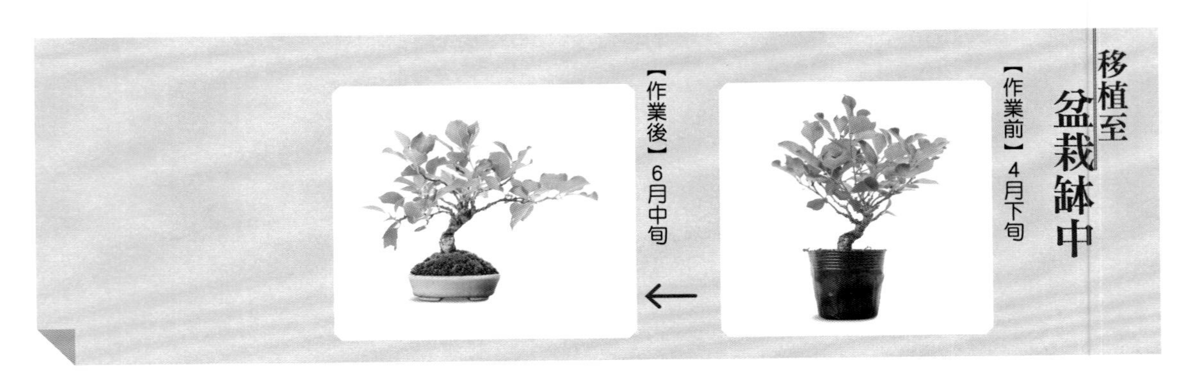

【作業前】4月下旬

【作業後】6月中旬

纏線・整枝 4月下旬

1 將每根枝條纏線，進行整枝。

2 纏線、整枝完成的狀態。

移植 4月下旬

1 用理根器從上往下鬆開根系。

2 用切根剪修剪過長的根系。

3 根系修剪完成的狀態。

4 用高水壓洗淨器清潔根系部分。

POINT
沒有高水壓洗淨器時，可將水管前端壓細清洗根部。

5

準備缽盆和用土。

※用土＝赤玉土（中顆粒）8：河砂2

6

用盛土器將用土從上方倒入，再用鑷子插入土中（也可以用竹籤），減少土壤和根系間的空隙。

※用土＝赤玉土（小顆粒）8：河砂2

7

移植完成，鋪好青苔的狀態。

切芽　6月中旬

1

新芽伸展的狀態。

2

用修枝剪將伸長的芽剪下。

MEMO

促進結果的訣竅

初夏開花後，就可進行交配。南蛇藤為雌雄異株。雖然也能自然交配，不過可用鑷子取下雄樹的花，刷在雌樹的花蕊上進行人工授粉，是能確實促進結果的方式。

Kadsura japonica

日本南五味子

懸崖　上下20cm　左右26cm　中國缽

檔案

別名：南五味子、骨蛇、美男葛
分類：五味子科南五味子屬（藤蔓性常綠灌木）
樹形：斜幹、模樣木、懸崖、石附等

有如鹿子般的紅色果實可長期欣賞至冬天

自生於日本關東以西～北陸以南、朝鮮半島、台灣。在過去會將其樹液抹在頭髮上整理鬢角，因此也有「美男葛」之稱。會開淡白色的小花，果實的外型就如同和菓子中的「鹿子」，連著枝條往下垂吊。於8～9月開花，11月開始上色，到了12月底會呈現紅色，到2月前還能欣賞到淡粉色的果實。

管理重點

放置場所　管理於日照充足，通風良好的場所。雖然半日照也能生長，不過枝條較不易伸展。

澆水　喜愛水分。用土表面乾燥後，澆灑大量水分。

肥料　施放固態肥料。若施放多量的肥量，可增長開花期並促進藤蔓生長，易於調整樹形。

病蟲害　無明顯病蟲害。

移植　一至兩年一次。移植的適合時期為3月。

作業行事曆

1月	2月	3月	4月	5月	6月	7月	8月	9月	10月	11月	12月
			移植・剔葉								
				切芽							
		肥料									
								纏線・拆線			

修剪 3月下旬

1

使用修枝剪將重疊枝（交互重疊的枝條）剪下。

2

將重疊枝修剪過後的狀態。

纏線・整枝 3月下旬

1

將每根枝條纏線，進行整枝。

2

纏線、整枝完成的狀態。

移植 3月下旬

1

用切根剪修剪過長的根系。

2

用理根器從上往下鬆開根系。

3

疏根完成的狀態。

4

水桶中放入水，用棕毛刷刷洗根系。

5

準備缽盆和用土。

※用土＝在赤玉土（中顆粒）8：河砂2中，加入1成比例的竹炭混合。

6

移植完成，鋪好青苔的狀態。

切芽 6月中旬

1

用修枝剪將伸長的芽剪下。

MEMO

促進結果的訣竅

同一棵植株可結出雄花和雌花。

雄花較早開且壽命短，可先冷藏保存，再進行人工授粉。

Malus prunifolia

姬蘋果

檔案

別名：楸子、海棠果
分類：薔薇科蘋果屬（落葉灌木）
樹形：模樣木、斜幹、懸崖等

模樣木　上下15㎝　英明缽

果實盆栽的女王！極具存在感的豔紅果實

原產於中國。自生於北海道至北陸地區。是蘋果果樹的小型種。於初夏開出美麗的白花，到了秋天則會結豔紅的果實。可謂是果實盆栽中的女王。樹木強健，新手也能輕鬆栽種，不過要注意種木不會結果。

作業行事曆	1月	2月	3月	4月	5月	6月	7月	8月	9月	10月	11月	12月
移植				移植					移植	移植		
摘果											摘果	
肥料			肥料	肥料		肥料	肥料		肥料	肥料		
纏線・拆線			纏線・拆線	纏線・拆線	纏線・拆線	纏線・拆線						

管理重點

放置場所　管理於日照充足，通風良好的場所。夏季避免西曬，冬季應移動至屋簷下。

澆水　授粉後注意避免缺水。

肥料　施放固態肥料。

病蟲害　注意黑星病、胴枯病、根頭癌腫病、蚜蟲。

移植　兩年一次。移植的適合時期為4月、9～10月。

MEMO

促進結果的訣竅

姬蘋果會在4月中旬開花，並於5月中旬開始形成果實，到了6月中旬便會長出圓形的綠色果實。

1. 若想促進長出果實，應避免移植。
2. 可用鑷子取下海棠的花，將花粉沾取在蘋果的雌蕊上。

3. 開花後，應注意避免淋到雨。可放置於家中或屋簷下，避免花粉被雨沖散。

Cyanococcus

藍莓

藍紫色的小巧果實
秋天的紅葉也別具風情

原產於北美洲。於世界各地的溫帶地區都有人栽培。4月會開有如吊鐘般的白色小花，6月時果實開始轉成藍紫色，到了秋天還能欣賞紅葉之姿。耐病蟲害，所以不需要消毒，可直接品嚐果實。藍莓屬於杜鵑花科，因此也適合壓條或扦插。

檔案

別名：藍梅、篤斯、甸果
分類：杜鵑花科越橘屬（落葉灌木）
樹形：斜幹、風翩等

風翩　上下17cm　左右25cm　日本缽

作業行事曆

1月	2月	3月	4月	5月	6月	7月	8月	9月	10月	11月	12月
	移植						移植				
			摘果								
	肥料			肥料			肥料				
							纏線・拆線				

管理重點

放置場所 管理於日照充足，通風良好的場所。日照不夠的環境會讓結果狀況變差。

澆水 喜愛水分。用土表面乾燥後，澆灑大量水分。夏季每天澆兩次。

肥料 施放固態肥料。

病蟲害 不用擔心病蟲害。

移植 兩年一次。移植的適合時期為3月、9月。

創作 風翩

【作業前】3月下旬

【作業後】3月下旬

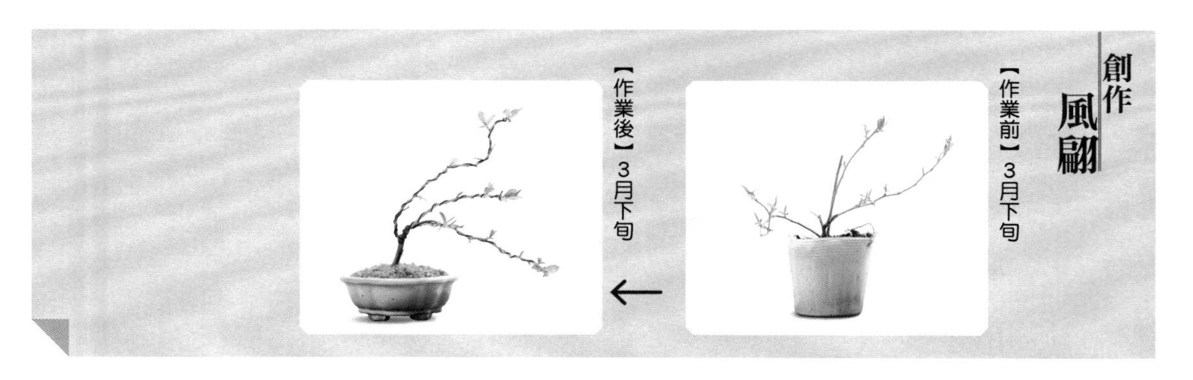

修剪 3月下旬

1

用叉枝剪將多餘的直立枝剪下。

纏線・整枝 3月下旬

1

將每根枝條纏線，進行整枝。

2

纏線、整枝完成的狀態。

移植 3月下旬

1

先用理根器將根系從上往下鬆開，再用切根剪將過長的根系修剪，接著再次用理根器鬆開根系。

2

纏繞金屬線，使往上浮起的根系能往下伸展。

3

準備缽盆和用土。

※用土＝赤玉土（小顆粒）3＋鹿沼土1

4

移植完成，鋪好水苔的狀態。

MEMO

促進結果的訣竅

藍莓會於4月上旬開花，6月上旬果實轉為藍紫色後便可食用。

由於果實通常會結果過多，因此要進行疏果。同時也可增加施肥量。

Cotoneaster horizontalis

平枝栒子

鮮紅的圓形果實 可隨心所欲創作樹形

原產於中國，經由歐洲傳至日本。是果實盆栽的代表樹種。到了春天會於枝條盛開淡桃紅色的花，9月開始結果實，可欣賞紅色的果實至11月底。日文和名為「紅紫檀」，開白色花的種類則稱為「白紫壇」。樹木強健萌芽力旺盛，樹幹也具有古木感，可以享受不同樹形創作的樂趣。

檔案

別名：平枝枸杞、匍匐枸杞、鋪地蜈蚣、矮紅子、栒刺木
分類：薔薇科栒子屬（常綠灌木）
樹形：斜幹、懸崖、模樣木、合植等

斜幹　上下15cm　左右18cm　日本缽

作業行事曆	1月	2月	3月	4月	5月	6月	7月	8月	9月	10月	11月	12月
		移植										
				切芽								
			肥料		肥料			肥料				
								纏線 拆線				

管理重點

放置場所 管理於日照充足，通風良好的場所。夏季進行遮光，冬季應移動至屋簷下。

澆水 生長期和夏季要注意避免缺水。

肥料 施放固態肥料。

病蟲害 病蟲害較少。可以順便和其他盆栽一起施灑藥劑預防。

移植 兩年一次。移植的適合時期為3～4月。

修剪 3月下旬

1 用修枝剪將向下伸展的枝條剪下。

POINT

修剪向下伸展的枝條，可以讓樹形看起來更俐落。

纏線・整枝 3月下旬

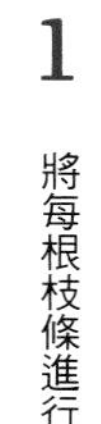

1 將每根枝條進行纏線和整枝。

2 纏線、整枝完成的狀態。

移植 3月下旬

1 用理根器從上往下將根系鬆開。

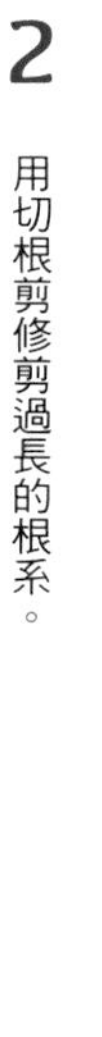

2 用切根剪修剪過長的根系。

3 根系修剪完成的狀態。

4

準備缽盆和用土。

※用土＝在赤玉土（中顆粒）8：河砂2中，加入1成比例的竹炭混合。

5

移植完成，鋪好青苔的狀態。

切芽 6月中旬

1

新芽伸展的狀態。

2

用修枝剪將伸長的新芽剪下。

POINT
從5月中旬開始進行切芽作業。

纏線・整枝 6月中旬

1

將每根枝條進行纏線和整枝。

2

纏線、整枝完成的狀態。

MEMO

促進結果的訣竅

平枝栒子於4月開花後，會立刻長出果實。開花後一定會結果，所以不需進行人工交配。

Euonymus sieboldianus

西博氏衛矛

檔案

別名：衛矛、日本衛矛
分類：衛矛科衛矛屬（落葉灌木）
樹形：懸崖、斜幹、文人木、模樣木等

半懸崖　上下10cm　東福寺缽

外型有如風鈴般的果實 充滿古樹氣息的樹幹紋理

自生於日本全國的山野。果實較大，是極具鑑賞價值的樹木。於初夏開出淡綠色的小花，到了秋天淡紅色的假種皮裂開後，露出紅色的種子。紅色或白色的假種皮也很受歡迎。實生苗容易出現隔代遺傳現象，因此建議使用扦插或匍匐根繁殖。

管理重點

放置場所 管理於日照充足，通風良好的場所。冬季移動至屋簷下。

澆水 喜愛水分。用土表面乾燥後，澆灑大量水分。夏季應注意避免缺水。

肥料 施放固態肥料。肥料不足有可能會造成掉果。

病蟲害 注意蚜蟲。需進行鳥害防治。

移植 兩年一次。移植的適合時期為3月。

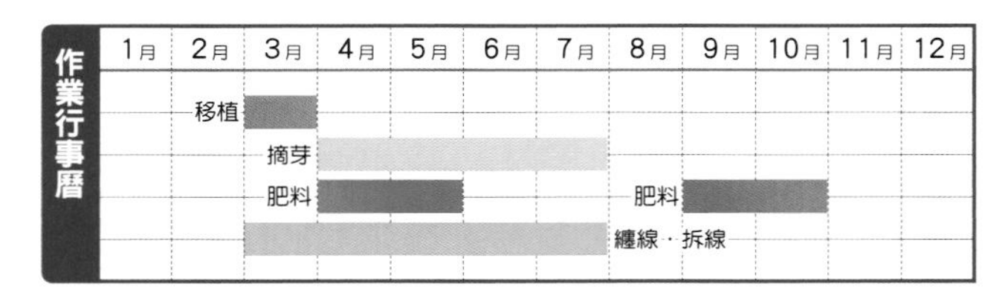

作業行事曆	1月	2月	3月	4月	5月	6月	7月	8月	9月	10月	11月	12月
移植		移植	■									
摘芽			摘芽	■	■	■	■					
肥料			肥料	■	■			肥料	■	■		
纏線・拆線			■	■	■	■	■	纏線・拆線				

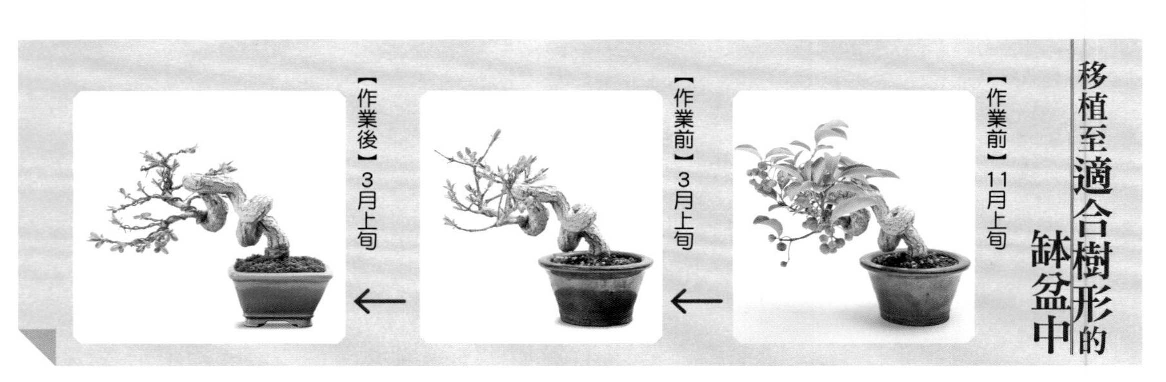

纏線・整枝 3月上旬

1 在每根枝條上進行纏線和整枝。

2 纏線、整枝完成的狀態。

POINT
是將枝條拉近至樹幹的方法。如此一來，就算是較大的力道也不用擔心金屬線陷入樹幹中。

3 將橡膠管穿過金屬線，固定於樹幹上，接著再將纏線完成的金屬線，勾在樹幹上的橡膠管。

移植 3月上旬

1 根系修剪完成的狀態。

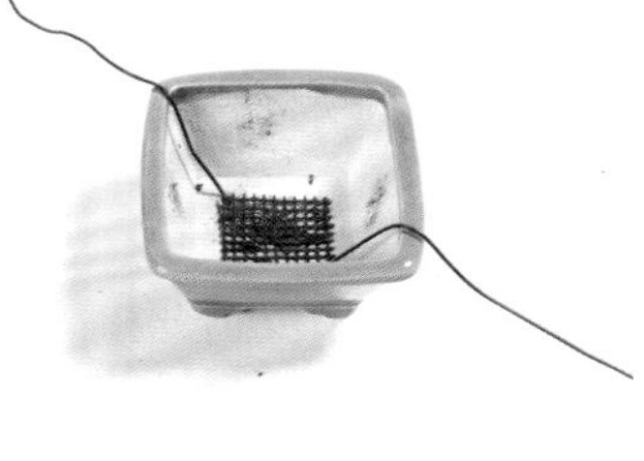

2 準備缽盆和用土。

※用土＝在赤玉土（中顆粒）8：河砂2中，加入1成比例的竹炭混合。

3 移植完成，鋪好青苔後的狀態。

MEMO

促進結果的訣竅

西博氏衛矛於5月中旬開花。在授粉前，盡量避免從樹木上方澆水。尤其是雄蕊的花粉很容易掉落。

授粉方式是用剪刀的前端或鑷子取下雄蕊，再沾取於雌蕊的突起處（左圖）。

也可以拿起雄樹和雌樹的缽盆，直接進行授粉（右圖）。

澆水時可將缽盆放入水桶中，使其從缽盆下方吸水，可藉此避免花粉掉落。

雌花＝中央有突起

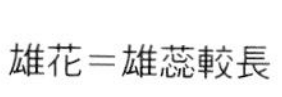

雄花＝雄蕊較長

Malus sieboldii

三葉海棠

檔案

別名：深山海棠
分類：薔薇科蘋果屬（落葉灌木）
樹形：模樣木、斜幹、懸崖等

模樣木　上下11cm　雄山缽

果實呈黃或紅色
枝條創作容易

自生於日本本州中部至北海道的山野。黃色或紅色的果實姿態嬌美可愛，極具人氣。花芽不會生長於長枝條的新梢，而是開在短枝條上，因此要多加注意。果實到了12月會轉色，可長期間欣賞果實樣貌直到隔年3月。小枝條經常會分枝，是容易創作枝條型態的樹木。

管理重點

放置場所 管理於日照充足，通風良好的場所。冬季移動至屋簷下。

澆水 喜愛水分。用土表面乾燥後，澆灑大量水分。夏季注意避免缺水。

肥料 施放固態肥料。

病蟲害 注意蚜蟲、介殼蟲、根頭癌腫病。

移植 兩年一次。移植的適合時期為3月。

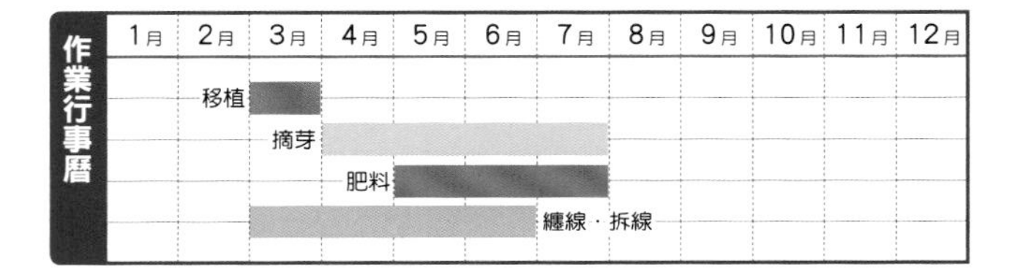

作業行事曆

	1月	2月	3月	4月	5月	6月	7月	8月	9月	10月	11月	12月
移植			■									
摘芽				■	■	■	■					
肥料					■	■	■					
纏線・拆線			■	■	■	■						

MEMO

促進結果的訣竅

三葉海棠為雌雄同株，不需要特別進行人工交配。

海棠是蘋果的原種。蘋果在進行交配時，經常會使用海棠的花粉進行授粉。

半懸崖　樹高13cm　鴻陽缽

Diospyros rhombifolia

老爺柿

檔案

別名：老鴉柿、菱葉柿
分類：柿樹科柿樹屬（落葉灌木）
樹形：斜幹、文人木、懸崖、風翩、模様木等

鮮豔的大顆果實
充滿山村的秋天風情

原產於中國，後傳入日本。果實為橘或紅色，可結出約兩公分左右的艷澤果實。果實纍纍或寥寥可數的樣貌，都各具風情。照片是叫做「楊貴妃」的品種，到了9月會開始上色，可鑑賞果實姿態直到隔年的2～3月。從以前柿樹就是經常栽種於山村的果樹，可謂是勾起鄉愁的樹木。

管理重點

放置場所 管理於日照充足，通風良好的場所。梅雨季移動至屋簷下，夏季進行遮光。

澆水 用土表面乾燥後，澆灑大量水分。夏季若缺水會引起掉果。

肥料 施放固態肥料。增加施肥量可促進開花及結果。

病蟲害 注意蚜蟲、介殼蟲。

移植 兩年一次。移植的適合時期為3月、9月。

作業行事曆

作業	1月	2月	3月	4月	5月	6月	7月	8月	9月	10月	11月	12月
移植			■						■			
人工授粉			■	■	■	■	■					
切芽				■	■	■	■					
摘果												■
肥料			■	■		■	■		■	■		
纏線・拆線			■	■	■	■	■					

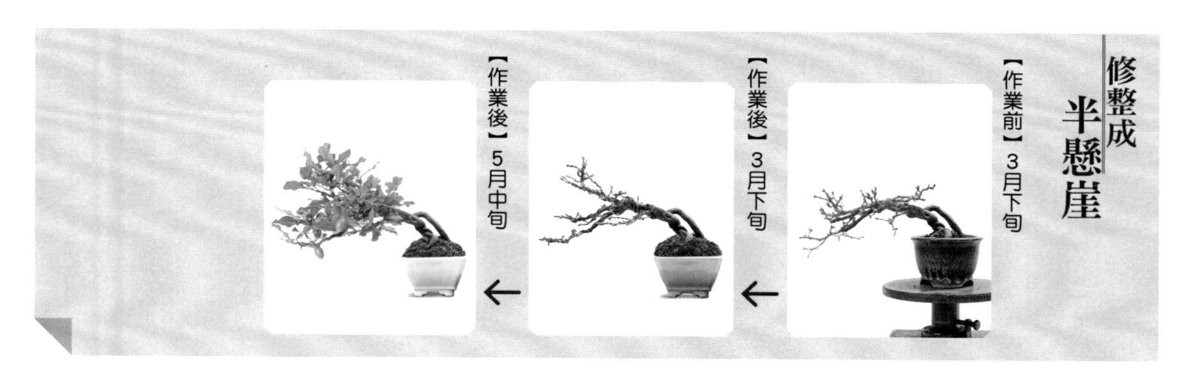

修剪 3月下旬

1

用叉枝剪將枯枝剪下。

2

用叉枝剪將擾亂樹形的長枝條剪下。

纏線・整枝・修剪 3月下旬

1

將每根枝條進行纏線和整枝。

2

用叉枝剪將擾亂樹形的長枝條剪下。

3

將擾亂樹形的長枝條修剪完成的狀態。

4

纏線、整枝、修剪完成後的狀態。

1

換盆的時候不需要鬆開根系，可直接栽種。

2

換盆完成，鋪好青苔的狀態。

切芽 5月中旬

1 新芽伸展的狀態。

2 用修枝剪將伸長的新芽剪下。

3 切芽完成的狀態。

MEMO

促進結果的訣竅

授粉

開花後即可進行授粉。用鑷子取下雄花的花粉，沾取在雌花上。

雌花
＝有花萼

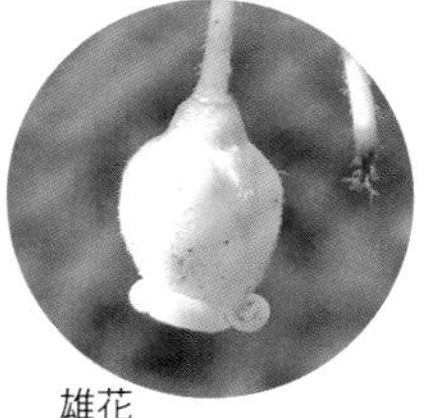

雄花
＝沒有花萼

到了5月中旬，會開始長出老爺柿的果實。這時候雖然還是青綠色，不過到了秋天便會轉成朱紅色。

噴灑吉貝素（激勃素）

若沒有雄花時，也可以使用以下方法幫助授粉。

用手持噴霧器（水300ml＋吉貝素粉末一包）噴灑花朵，就能促進結果。

Amitostigma keiskei

岩千鳥

有如千鳥般的可愛模樣 也有紫花和白花品種

上下12cm　中國缽

自生於日本本州中部地方以西、四國的岩場水窪等地方。別名八千代。適合於日照充足、通風良好處培育。進入梅雨季後，應移至葉片不會被雨淋到的日照較弱處管理。等到9月末再移動至全日照環境。進入晚秋、長於地上的部分枯萎後，就可移動至陰涼的屋簷下。給予充足的水分。肥料可於春季施放山野草的置肥。注意蚜蟲、夜盜蛾幼蟲。每一至二年移植一次。於3月底長出新芽之前進行移植。

➡多年生草本。開花期為4月下旬～5月中旬

Vaccinium vitis-idaea

越橘

小巧的花朵，紅色果實 可欣賞結滿果實的風貌

上下5cm　日本缽

自生於北美、北歐等高原濕地。是原生種的莓類，別名為苔桃、巖桃、甘露梅。帶有光澤的葉片到了冬天也不會掉落，具有鑑賞價值。喜愛陽光。澆水可待用土表面乾燥後，再澆灑大量水分。夏季應於早上及傍晚澆水兩次。雖然幾乎不需要施肥，不過在春秋季期間可每月施灑一次液肥。幾乎不用擔心病蟲害。三至四年移植一次，於12～3月進行。

➡多年生草本。開花期為6～7月，果實收成期為9～10月

上下6cm　土交缽

Primula sieboldii

櫻草

從淡桃紅色到白色 花形和花色多彩豐富

原產於西伯利亞東部至中國東北部、朝鮮半島及日本一帶。2～5月應栽培於日照充足的場所。夏季至秋季葉片呈現黃色後，可移動至較涼爽的位置。澆水可待用土表面乾燥後，再澆灑大量水分。肥料可在移植時，施放少量緩效性肥料，並於3～4月期間，每月一至二次施灑草花用的稀釋液肥。注意夜盜蛾幼蟲、蚜蟲。移植適期為12～2月。每一到兩年可進行分株。

➡多年生草本。開花期為4～5月

上下5cm　土交缽

Viola mandshurica

菫菜

悄悄地綻放於道路旁 來自春天的贈禮

自生於草地、稻田及路邊。具落葉性及耐寒性，經常用來當作盆栽的添景。適合於日照充足、通風良好處培育。夏季的上午可移動至較陰涼的場所，以防葉片晒傷。澆水可待用土表面乾燥後，再澆灑大量水分。肥料可施放緩效性肥料當作基肥，並於2～10月期間，每月兩到三次施灑稀釋後的液肥。注意白粉病、蚜蟲。每年移植一次，移植適期為晚夏至晚秋及2～3月。

➡多年生草本。開花期為4～5月

上下8cm　日本缽

Saxifraga fortuneivar. alpina

大文字草

花色和花形種類豐富

自生於岩場的山野草。栽培於排水良好的半日照位置，可促進開花。冬天雖然長於地上的部分會枯萎，不過若於秋季移至室內，就能長期間欣賞。澆水可待用土表面乾燥後，再澆灑大量水分。於春天及開花後，施放少量的固態肥料。注意夜盜蛾幼蟲。移植適期為早春及開花後。

➡多年生草本。開花期為8～11月

上下12cm　日本缽

Mukdenia rossii

槭葉草

盛開於莖部頂端的小花

自生於中國東北部至朝鮮半島。生長在低山的河川岸邊。長於地上的部分會隨著秋天結束而枯萎。適合培育於日照充足、通風良好處，夏季避免直射日光。澆水可待用土表面乾燥後，再澆灑大量水分。施放少量的固態肥料當作追肥即可。注意蚜蟲、夜盜蛾幼蟲。每兩至三年移植一次，移植適期為休眠期間。

➡多年生草本。開花期為2～3月

上下5cm　一蒼缽

Polygala chamaebuxus var. grandiflora.

常盤姬荻

有如豆科植物般的珍稀小花

原產於歐洲中部的阿爾卑斯喀爾巴阡山脈。自生於日本的高山岩場。管理於日照充足、通風良好的場所，夏季避免直射日光。肥料可於3月、5月及10月，施放少量的固態肥料。不需要擔心病蟲害。移植適期為2月上旬～3月下旬、9月下旬～10月下旬。要注意常盤姬荻並不喜酸性土壤。

➡常綠灌木。開花期為4～6月

上下8cm　秀邦缽

Aster microcephalus var. ovatus

野紺菊

悄然綻放於秋日的山野

自生於日本全國的山野。別名野菊。管理於日照充足、通風良好的場所，夏季需注意葉片晒傷，避免直射日光。澆灑充足水分。可於4～5月及9月期間，每月施放一次固態肥料。注意二斑葉蟎、蚜蟲。每一至二年一次於春季進行移植和分株。

➡多年生草本。開花期為7～10月

上下6cm　勝山缽

Ardisia japonica

姬紫金牛

零星分散的紅色果實

自生於樹林下方。5～9月管理於日陰處，4月和10月管理於半日照處，11～3月可移動至日照充足的位置管理。冬季需注意盆缽別結凍。澆水量可減少。肥料於4～11月期間，每兩個月施放一次油粕。注意蚜蟲。每兩到三年進行一次移植，移植適期為2～4月、9～11月。

➡常綠灌木。開花期為7～8月。結果期為11月

上下5cm　一蒼缽

Saxifraga stolonifera

虎耳草

白覆輪的明亮葉色

自生於日本及中國的山間濕地。放置於日陰或半日照處栽培，避免直射陽光。喜好水分。春季和秋季可施放少量的固態肥料。注意二斑葉蟎、蚜蟲、夜盜蛾幼蟲。開花後母株會枯萎，因此若藤蔓前端長出子株後，可移植至其他的缽盆中繁殖。

➡常綠多年生草本。開花期為5～7月

用室內雜貨裝飾盆栽

「想輕鬆裝飾注入愛情培育的盆栽，並且自由享受擺飾盆栽的樂趣」。為了回應有這種想法的各位，因此在這裡試著使用居家雜貨（可於百元日圓商店購入），搭配出盆栽的擺飾。在客廳或玄關等處，只要有一點點小空間就足夠！不妨試著依自己的創意來自由擺飾吧。

製作：かまくら木花草　成松幸惠（やまと園 研修生）

❖ 擺放於貓腳桌上

將兩張不同高度的桌子放在一起，就能產生立體感，使整體協調。

（圖左）子持蓮華　（圖右）磯山椒

❖ 擺放於硅藻土的杯墊上

粉彩色調的硅藻土杯墊也是很棒的單品！
排水性佳，同時具有保水性，對於盆栽而言是最適合的栽培環境！

圓蓋陰石蕨（圖左） 姬擬寶珠（圖右）

❖ 擺放於小棚架上

改變棚架的高度，就能營造出韻律感。
若配置成三角形，便能打造出一體感。
還可以搭配貓咪、青蛙或是紅色郵筒裝飾，
增添可愛氣息！

（圖右上起）槭樹、屋久島芒、筑紫唐松草

盆栽用語

ㄅ

八房性
枝葉或葉片小而密集的特性。於早期就能輕鬆創作樹形，在盆栽界尤其受到重視。

缽底孔
缽盆底部的開孔。數量會根據缽盆大小或形狀而異。具有促進用土排水的作用。

缽底網
移植前用金屬線固定於缽底。可防止用土從缽底流失，同時也能避免蟲類從缽底入侵。

白粉病
一種葉片會出現白色斑點的病害。好發於春及秋季。

蘗枝
別名幹生枝。從樹木的樹幹基部長出的不定芽。若置之不管會使樹木衰弱，發現後應儘早切除。

半日照
日照條件的一種。一天三小時以上可照到陽光，不會西曬的場所。

半懸崖
盆栽樹形。樹幹或枝條從缽緣往下低垂的形態。

變體缽
外型特殊或產生窯變的缽盆。

不定芽
一般的樹木都是從接近葉片基部的地方長出新芽。於其他部分（樹幹、枝條途中）長出的芽稱為不定芽。

ㄆ

配盆
缽盆和樹木的搭配組合。在各式各樣的缽盆當中，選出最能顯出樹木風姿的款式。

棚架擺飾
利用裝飾棚架來裝飾數盆小品盆栽。身為主角的松柏類會擺飾於天板中間，再搭配其他添景。

平石
可當作盆栽的缽盆使用。於天然的平石上，用泥炭土栽種樹木。有各式各樣的顏色和形狀，帶有裂痕的平石可打造出年代感。

ㄇ

模樣木
盆栽樹形。樹幹或枝條向前後左右方伸展，有如造型般的姿態。

母株
繁殖來源的樹木。進行扦插或嫁接時，會將枝條當作扦插苗或接木。

ㄈ

分株
繁殖方法之一。將植株從根基部分開，分成好幾棵植株的方式。根系纏繞於缽盆中時，常會使用此方式繁殖。

風翩（風吹）
盆栽樹形。樹幹或枝條有如被風吹拂般自然斜臥的形態。

複色品種
同一棵樹木開出不同花色的品種。

ㄉ

大品盆栽
樹高六十公分以上的盆栽。

地板擺飾
將盆栽裝飾於床之間。由主木（松柏類等）、添景（雜木或山野草類）、掛軸三要素構成。主木應朝向掛軸方向。

底板
專門用來裝飾盆栽的鋪板。

豆盆栽
意指樹高十公分以下的盆栽。

第一要枝
樹木最下方的枝條。往上數依序為第二枝條、第三枝條。

多年生草本
經過數年都不會枯萎，同時也會開花的植物。有些植物的地上部分會枯萎，有些則不會。

短葉法
松樹類獨特的修剪法，作業內容包含摘芽、切芽、抹芽和疏葉。是為了將葉片和枝條修短而進行的作業。

ㄊ

苔球（苔玉）
將根系部分用泥炭土等包覆成球狀，並於表面鋪上青苔的形式。

剔葉
從支撐葉片的葉柄部分剪下。可促進側芽及細枝條生長。是雜木類盆栽經常使用的作業技巧。

添配
人形、動物、海洋生物、建築物等迷你模型。搭配於盆栽中，可打造出生動的故事性。

添景
在盆栽的裝飾中，主木以外的植物或物品。像是雜木、花朵、果實類或野草等。同時也包含石頭和擺件。

徒長
日照不足或悶熱使枝條過細的現象。

徒長枝
其中一根生長過盛的枝條。由於生長勢強，若放任不管會使其他枝條無法吸收到營養。

ㄋ

泥缽盆
素燒的缽盆。盆栽多用來栽種松柏類樹木。有朱泥、紫泥、白泥等類型。

泥炭土
盆栽使用的用土種類。石附或野草盆栽的苔球經常使用。

扭幹
樹幹扭轉的狀態。是為了呈現出古木感，刻意使樹幹包覆金屬線以打造出扭轉狀態的技巧。另外，使樹幹扭轉而長出的樹瘤稱為扭幹瘤。

ㄌ

落葉樹
於秋天葉片凋落，到了春天會長出新葉的樹木。雖然落葉樹基本上都是闊葉樹，不過在針葉樹中，也有像日本落葉松一樣的落葉樹。

露根
盆栽樹形。根部從缽緣露出的形態。

立芽
將金屬線纏繞至芽的前端，整枝時將前端往上提起的作業。可促進日照和通風，同時也能促進長新芽。外觀也看起來更有活力。是松柏類經常使用的技巧。

蓮蓬頭
可噴出淋浴水柱的灑水器噴頭。可減弱水勢，不用擔心傷及樹木。

鹿沼土
盆栽使用的用土種類。酸性強，經常使用於杜鵑類。注意此類用土容易打造出高濕環境。

ㄍ

改作
大幅變更盆栽的樹形，或是樹木的正面等。

幹基（頭緒）
從根盤連接樹幹的部分。是盆栽鑑賞的重點。

根盤
露出於地上部的根基部分。根系向八方伸展是最為理想的狀態。也是盆栽鑑賞的重點。

根頭癌腫病
根系部分長出腫瘤的病害。薔薇科盆栽容易罹患此病害。可在移植時進行殺菌預防。

古木感
外觀呈現出古樹的氛圍。像是往下伸展的枝條、有如歷經風雪摧殘的樹幹紋理，以及粗大的根盤等各種技巧。

固態肥料
放在缽盆的用土表面當作置肥使用。和液肥相較下，效果較緩慢且持久。

果實盆栽
在盆栽的分類中，鑑賞果實的種類。交配方式會根據樹種而異。

共生菌
松柏類等樹木移植時，從缽盆中將根系取出，可發現其生長於根系周圍的白色部分。這也是健康生長的證明。又稱為菌根菌。

ㄎ

靠接法
使原本沒有枝條的部分，長出新枝條的方式。於枝條根部劃出傷痕，再將其他枝條誘導至此，使其存活。

ㄏ

合植
盆栽樹形。將數棵樹木栽種於同一個缽盆中的形態。

紅葉
到了秋天，葉片轉紅的樣子。

河砂
盆栽使用的用土種類。是由花崗岩輾碎而來。具有極佳的排水和透氣性。

黑斑病
葉片有如被灑上黑色粉末般的病害。黴菌會將介殼蟲、二斑葉蟎等昆蟲的排泄物當作養分繁殖。是松柏類樹木常見的病害。

寒冷紗
紗網材質的資材。經常使用於遮光或防寒對策。大多是裝設於盆栽棚架周圍的架支柱或屋頂上。

寒樹
雜木類等樹木的冬天樣貌。葉片凋落，只剩下樹幹和枝條的造型之美受到喜愛。

花朵盆栽
在盆栽的分類當中，欣賞開花姿態的類型。為了能促進花芽生長，修剪的時期相當重要。

花穗
小花群聚，有如稻穗形狀般綻放的花。

花芽
會生長成花朵的芽。花芽的生長方式根據樹種而異，修剪時需多加注意。

灰黴病
於花朵、花蕾或葉片長出灰色黴菌，使其腐敗的病害。有時候開完花的殘花是染病的原因。

繪缽
繪上有圖畫的缽盆。以描繪於釉表面的類型為多。

換盆
將栽種於缽盆中的盆栽，不處理根系，並使用新的用土移植至其他盆栽。

荒皮性
就算是相同種類的樹木，有些樹木也擁有在幼木時期，樹幹就呈現粗糙的特性。能在短期間內呈現出古木感，相當受歡迎。

黃葉
到了秋天，葉片轉黃的樣子。

ㄐ

基本樹形
為了創作出美麗盆栽的基本樹形。

浸泡
於水桶中放水，將盆栽浸泡至樹頭。能讓盆栽內的用土確實吸收水分，因此是缺水時的緊急處理方式。

忌枝
擾亂樹形的多餘枝條。修剪時若發現忌枝，務必要將其剪下。

截剪
在長出新芽的位置（接近懷枝部分的枝條）進行大幅修剪。可抑制枝條的長度，促進長新芽。是小品盆栽中不可或缺的作業。

ㄑ

淺缽盆
缽盆直徑（口徑）為缽盆高度一半以下的稱為淺缽盆。

切葉
用剪刀修剪葉片輪廓或縮小葉面面積，能讓通風與日照狀況更加良好。

切芽
從基部將新芽摘除，培育第二次的新芽（二番芽）。

扦插
繁殖方式之一。將枝條剪下，插在用土中使其發根。

缺水
澆水不足，使葉片凋萎或枯竭的現象。可藉由浸泡法作緊急處理對策。

ㄒ

犧牲枝
原本是多餘的枝條。是指為了使枝條基部加粗而暫時使其生長的枝條，會在適合的時期修除。

洗根
移植時用水清洗根系，同時沖掉用土。

斜幹
盆栽樹形。將樹幹往右或往左傾斜的形態。

小品盆栽
樹高二十公分以下的盆栽。經常被形容為「可放在手掌中的大小」。

修剪
修剪樹幹或枝條的作業。剪下擾亂樹形的枝條、多餘的枝條（忌枝、舊枝、枯枝等）以修整樹形。另外也會為了抑制樹高而修剪生長勢強的樹幹。

修整輪廓
修整枝條末梢，使枝條末梢間隔均勻。

懸崖
盆栽樹形。樹幹或枝條的位置比盆栽還低的樹形。

ㄓ

直幹
盆栽樹形。一根樹幹直立往上的形態。

直根
挺直伸長的長粗根。在栽培盆栽時，若能儘早去除直根，就可促進橫向根系生長而形成根盤。

置肥
將固態肥料放在盆栽的用土上，再用金屬線固定的施肥方式。

遮光
藉由寒冷紗或竹簾適度阻隔夏季的陽光或高溫，打造適合樹木的最佳環境。

摘果（疏果）
果實盆栽所進行的栽培作業。果實過於茂盛或偏向其中一側結果時，會造成樹木的負擔，因此進行摘果以減少數量。鑑賞後若能儘早摘果，也能可促進隔年的結果。

摘芽
用鑷子將新芽的前端摘除，促進側芽生長。

整枝
在纏線後，將枝條自由彎曲，使其接近理想樹形的作業。

株立
盆栽樹形。從一顆樹木的根基部長出多根樹幹的型態。

竹炭
盆栽所使用的用土。是經由焚燒竹子而來。鹼性。容易吸收水分和養分，透氣性佳。

主木
株立或合植盆栽中，最主要的樹木。或是指在盆栽的擺飾中，擔任主要角色的樹木（松柏類）。

主幹
在多數的樹幹中，最主要的粗大樹幹。

桌檯
只用來擺飾一個盆栽的四角裝飾檯。

裝飾棚架
可同時裝飾數種盆栽的棚架。有雙層和三層等類型。

中品盆栽
樹高二十公分以上，六十公分以下的盆栽。

種木
經由實生苗、扦插、壓條、嫁接等而來的原有樹木。

追肥
在樹木生長期間的施肥作業。大多是施放固態肥料。

ㄔ

赤星病
會引起葉片出現橘色斑點並枯萎。經常出現於梨、蘋果等薔薇科的果樹及賞花樹木上。

纏線
於樹幹或枝條纏繞金屬線的作業。在這之後會進行整枝以調整樹形。盆栽通常使用銅線或鋁線。

常綠樹
葉片整年維持綠色的樹木。也稱為「常磐木」。

ㄕ

石附
盆栽的樹形之一。有如生長在斷崖絕壁般的姿態。有在平坦石頭放上泥炭土後栽種樹木，也有將樹木栽種於石頭凹陷處，彷彿被石頭環抱的類型。

實生
繁殖方法的一種。由種子開始發芽栽培。雖然是簡單的繁殖法，不過也有可能出現品種變化。

舍利幹
剝除樹幹的樹皮，使其露出彷彿經由風雪摧殘的白色部分。是松柏類盆栽常用的技巧。

深缽
缽盆的高度和開口直徑相同，或是比直徑還高的缽盆。經常用來搭配懸崖、半懸崖等樹形。

神枝
將枝條的外皮剝除，使其露出彷彿經由風雪摧殘的白色部分。是松柏類盆栽常用的技巧。

疏枝
枝條混雜時，減少枝條數量、使樹木清爽俐落的作業。

疏葉
將雜亂的葉片進行疏剪，去除枯葉的作業。

樹齡
樹木的年齡。有些盆栽甚至可用樹幹紋理的狀態來判定。

樹高
從缽緣至樹冠的高度。

樹幹的分歧
樹幹往上伸展的途中分歧的形態。盆栽要求主幹粗，副幹纖細。

樹幹的諧順
樹幹從根基往樹冠慢慢變細的形態。為了呈現出大樹感，是很重要的盆栽要素。

樹幹紋理（幹肌）
樹幹表面的狀態。有平滑狀、粗糙狀、樹皮剝落狀或紋路狀等，其狀態會根據樹種而異。在盆栽界裡，擁有古木感的樹幹紋理較具有鑑賞價值。

樹冠
樹木最上方的輪廓。大多以半圓形為理想狀況。

樹形
意指像是直幹、雙幹等樹木的形狀。

樹種
樹木的種類。

樹勢
樹木的生長勢。意指枝葉、樹幹等的生長狀態。

水苔
生長於濕地帶的苔蘚類。具保水力，透氣性也很優秀。使用於盆栽時，會將乾燥水苔泡水，再鋪放於用土上。

雙幹
盆栽樹形。樹幹從基部分成兩根的形態。

ㄖ

人工授粉
將雄蕊的花粉沾取在雌蕊上，進行人為授粉。

ㄗ

雜木
在盆栽的分類中，主要鑑賞落葉闊葉樹的樹種。盆栽的鑑賞重點為萌芽、嫩葉、紅葉、黃葉及冬天落葉的樣貌。

ㄘ

雌雄同株
同一棵樹木上同時有雄花和雌花。

雌雄異株
同一種植物區分為雄樹和雌樹。

彩釉缽
有上釉的缽盆。顏色豐富多彩。

殘花
開花後的枯萎花朵。若放任不管會造成樹木衰弱，成為發霉生病的原因。常摘除凋萎的殘花是很重要的作業。

四季開花
一年四季可開數次花。

灑播用青苔
將青苔的表面剪下並鋪在用土上，就能長出新的青苔。可整齊生長，呈現出美麗的外觀。

松柏盆栽
在盆栽的分類中，鑑賞常綠針葉樹的類型。通年葉片顏色不變，也是日本新年的重要裝飾。

ㄧ

一歲性（早發性）
實生苗或扦插苗中，預計一年左右就能開花、結果的品種。

移植
將原本栽種於盆器或黑軟盆的樹木，處理根系並使用新的用土，再移植至其他盆栽缽盆的作業。

液肥
液體狀的肥料。效果較快，經常使用於草類盆栽。

壓條
繁殖方法之一。於樹幹畫出傷口，使其發根後再切除。可讓樹幹變短，重新創作出不同樹形的盆栽。

野草盆栽
在盆栽的分類中鑑賞草花的類型。山野草有許多會開花的種類。在裝飾盆栽時，經常用來當作「添景」。

葉片特性
根據樹種不同，就算是同種類的樹木，葉片性質也可能有所差異。像是葉片較細、較短、較密集，或是顏色出現差異等。每個樹種都有其理想的葉片特性。

葉燒（日燒）
葉片或枝梢於夏季變色成黃色或褐色的現象。原因通常為夏季缺水。根據樹種不同，有時候必須要進行遮光。

葉水
澆水時，將水分澆灑於葉片的作業。經常在炎熱的夏季或剛移植完時進行。

彎曲
樹幹或枝條彎曲的樣子。

文人木
盆栽樹形。使其生長出纖細的樹幹，並將下方枝條修除的形態。

ㄩ

癒合促進劑
於修剪後塗抹於傷口。有防止病原菌從切口入侵的作用。

園藝品種
進行人工交配及選拔，為了鑑賞或易於栽培而培育出的品種。

ㄞ

矮性
比一般標準還要矮小的草木特性。

作者介紹　廣瀨幸男（Hirose Yukio）

昭和二十四年出生於神奈川大和市。東京農業大學畢業。於昭和四十八年創設小品盆栽專門店「やまと園」，成為園主至今。於平成二十一至二十九年，擔任公益社團法人全日本小品盆栽協會理事長。主辦各種盆栽活動、同好會及教室。也在各種展示會上擔任講師。曾於雅風展獲擔任八次內閣總理大臣賞指導。擔任第五十七至八十二屆的國風盆栽入選指導十五次，共計九十四次席位（其中包含兩次國風賞受賞指導）。曾獲兩次日本盆栽作風展的組織委員會長賞等，擁有多數得獎經歷。

URL http://yamatoen.pos.to/

官方網站 https://www.rakuten.co.jp/yamatoen-bonsai/

任職

（公社）全日本小品盆栽協會 前理事長
（一社）日本盆栽協會 公認講師
日本小品盆栽組合 前理事長
（公社）全日本小品盆栽協會 認定講師
第11～16屆秋雅展 實行委員會 前委員長
第30～33屆雅風展 實行委員會 前委員長
日本盆栽協同組合 隸屬神奈川支部

助理
廣瀨信幸（やまと園）
成松幸惠（かまくら木花草）

拍攝協助
小品盆栽專門店「やまと園」

照片提供
（株）近代出版（p.150 梅）

照片協助
（公社）全日本小品盆栽協會・秋雅展
神奈川縣小品盆栽連合會、相模小品盆栽會

製作人員
書籍設計……ごぼうデザイン事務所
攝影……金子吉輝（DUCKTAIL）
插圖……すみもと ななみ
編輯協助……雨宮敦子（Take One）

超圖解　74款景觀盆栽入門技法

2018年 5 月 1 日初版第一刷發行
2023年10月 1 日初版第四刷發行

作　　者　廣瀨幸男
譯　　者　元子怡
編　　輯　魏紫庭
美術編輯　陳美燕
發 行 人　若森稔雄
發 行 所　台灣東販股份有限公司
　　　　　＜地址＞台北市南京東路4段130號2F-1
　　　　　＜電話＞(02)2577-8878
　　　　　＜傳真＞(02)2577-8896
　　　　　＜網址＞http://www.tohan.com.tw
郵撥帳號　1405049-4
法律顧問　蕭雄淋律師
總 經 銷　聯合發行股份有限公司
　　　　　＜電話＞(02)2917-8022

國家圖書館出版品預行編目資料

超圖解 74款景觀盆栽入門技法 / 廣瀨幸男著 ; 元子怡譯 . -- 初版 . -- 臺北市 : 臺灣東販 , 2018.05
256面 ; 18.2×23.5公分
譯自 : いちばんていねいな はじめての盆栽の育て方
ISBN 978-986-475-663-6(平裝)

1. 盆栽 2. 園藝學

435.11　　107005219